普通高校"十三五"规划教材

材料成型模拟仿真——创新实践

主编　陈泽中
参编　江　鸿　　李晓燕　　陈　晨　　张璐璐
　　　谢洪昊　　赵　娜　　程志龙　　李雪源
　　　单　良
主审　刘　芳

机 械 工 业 出 版 社

材料成型及控制工程是先进制造学科的重要组成部分，开展该领域的创新和实践教学是近年来兴起的卓越工程师教育的重要内容。本书是作者多年教学经验的总结。主要内容包括：金属体积成形模拟仿真创新实践、金属板料冲压成形模拟仿真创新实践、塑料注射成型模拟仿真创新实践和材料微成形模拟仿真创新实践四个部分。每一部分均以数个来源于企业生产一线的实际案例为载体，指导学生掌握材料成型与先进制造领域的CAD/CAE/CAM专业技能，并进行相关的创新和实践尝试，探索解决相关技术问题的新方法。

本书可供国内高校材料成型类、模具设计类、材料工程类、机械制造类本科和研究生专业教学使用，也可作为材料、先进制造领域科研人员和工程技术人员的参考书。

图书在版编目（CIP）数据

材料成型模拟仿真：创新实践/陈泽中主编. —北京：机械工业出版社，2017.9（2024.8 重印）

ISBN 978-7-111-57765-2

Ⅰ.①材⋯ Ⅱ.①陈⋯ Ⅲ.①工程材料-成型-自动控制 Ⅳ.①TB3

中国版本图书馆 CIP 数据核字（2017）第 200815 号

机械工业出版社（北京市百万庄大街 22 号 邮政编码 100037）
策划编辑：孔 劲 责任编辑：孔 劲 王春雨 责任校对：郑 婕
封面设计：张 静 责任印制：常天培
固安县铭成印刷有限公司印刷
2024 年 8 月第 1 版第 3 次印刷
184mm×260mm · 8.75 印张 · 197 千字
标准书号：ISBN 978-7-111-57765-2
定价：39.00 元

凡购本书，如有缺页、倒页、脱页，由本社发行部调换

电话服务　　　　　　　　　　　　　网络服务
服务咨询热线：010-88379833　　　　机 工 官 网：www.cmpbook.com
读者购书热线：010-88379649　　　　机 工 官 博：weibo.com/cmp1952
　　　　　　　　　　　　　　　　　教育服务网：www.cmpedu.com
封面无防伪标均为盗版　　　　　　金 书 网：www.golden-book.com

前　言

材料成型及控制工程暨材料加工工程，是国民经济发展的支柱之一，是先进制造和智能制造技术的重要依托。它以成形技术为手段、以材料为加工对象、以过程控制为质量保证措施、以实现产品制造为目的，研究塑性成形及热加工改变材料的微观结构、宏观性能和表面形状过程中的相关工艺因素对材料的影响，解决成型工艺开发、成型设备、工艺优化的理论和方法；研究模具设计理论及方法，模具制造中的材料、热处理、加工方法等问题。

目前，国内各相关高校正在大力开展材料成型及控制工程专业的"卓越工程师"教育，推进专业国际认证。开展"卓越工程师"教育，需要大力推进相关的创新和实践教育，培养和提升学生的专业创新和实践技能。

作者根据多年的专业创新和实践教学经验及素材积累编写了本书。内容主要包括：金属体积成形模拟仿真创新实践、金属板料冲压成形模拟仿真创新实践、塑料注射成型模拟仿真创新实践和材料微成形模拟仿真创新实践四个部分。每一部分均以数个来源于企业生产一线的实际案例引导学生学习和掌握相关领域的 CAD/CAE/CAM 专业技能，并进行相关的创新和实践尝试，探索解决相关技术问题的新方法。

本书第 1 章由江鸿、赵娜、李雪源、程志龙编写，第 2 章由陈泽中、谢洪昊编写，第 3 章由李晓燕、单良编写，第 4 章由陈泽中、陈晨、张璐璐编写。全书由陈泽中统稿，刘芳主审。研究生李响、李文传、李鑫完成了全书的文字编辑校对工作。

本书的编写出版得到了上海理工大学"精品本科"教材类建设项目和上海理工大学研究生课程建设项目的支持，在此一并致以衷心的感谢。

本书可供国内高校材料成型类、模具设计类、机械制造类等专业本科、研究生数值模拟仿真、案例教学和创新实践类课程使用。

由于作者的水平有限，书中定有疏漏和错误，敬请广大读者批评指正，并欢迎国内外同行、学者、学生对本书提出宝贵建议。E-mail：zzhchen@ usst.edu.cn。

编　者

目　录

第1章

金属体积成形模拟仿真创新实践

1.1 概述

金属塑性成形，是指金属在外力作用下产生塑性变形，以获得具有一定形状、尺寸和力学性能的零件或半成品的加工方法。金属塑性成形可分为体积成形和板料成形两大部分，前者的成形对象主要是金属块料，成形温度多为中温或者高温；而后者的成形对象一般是金属板料，成形温度通常为室温。二者在数值模拟过程中遵循的材数模型（本构方程）也有所不同。

本章介绍的有关金属塑性成形数值模拟的基本知识不针对冲压成形，仅指锻造、轧制、挤压、拉拔等以体积成形为主要对象的金属塑性成形。

1.2 刚塑性有限元法

有限元数值模拟方法可用于求解金属变形过程的应力、应变、温度等的分布规律，进行模具受力分析，及预测金属的成形缺陷。根据金属材料的本构方程不同，有限元法可分为两大类：弹塑性有限元法和刚塑性有限元法。

刚塑性有限元法忽略了金属变形中的弹性效应，以速度场为基本量，形成有限元列式。刚塑性有限元法由于不考虑弹性变形问题和残余应力问题，因此计算量大大降低。在弹性变形较小甚至可以忽略时，采用刚塑性有限元法可达到较高的计算效率。

刚塑性有限元法是在1973年提出来的，这种方法虽然也基于小应变的位移关系，但忽略了材料塑性变形时的弹性变形部分，而考虑了材料在塑性变形时的体积不变条件。它可用来计算较大变形的问题，所以近年来发展迅速，现已广泛应用于分析各种金属塑性成形过程。刚塑性有限元法的理论基础是变分原理，它认为在所有动可容的速度场中，使泛函取得驻值的速度场是真实的速度场。根据这个速度场可以计算出各点的应变和应力。

对于大变形金属塑性成形问题，将变形体视为刚塑性体，即把变形中的某些过程理想化，便于数学上处理。此时，材料应满足下列假设：

1）不考虑材料的弹性变形。
2）材料的变形流动服从Levy-Mises（列维-米塞斯）流动法则。
3）材料是均质各向同性。
4）材料满足体积不可压缩性。
5）不考虑体积力与惯性力。

6）加载条件（加载面）给出刚性区与塑性区的界限。

在满足上述基本假设的前提下，刚塑性材料发生塑性变形时，必须满足下列基本方程。

微分平衡方程或运动方程：

$$\sigma_{ij,j} = 0 \tag{1-1}$$

式中　$\sigma_{ij,j}$——作用在任一质点 j 上的应力分量。

速度-应变速率关系方程：

$$\dot{\varepsilon}_{ij} = \frac{1}{2}(v_{i,j} + v_{j,i}) \tag{1-2}$$

式中　$\dot{\varepsilon}_{ij}$——应变速率；

　　　$v_{i,j}$——速度分量。

Levy-Mises 应力-应变速率关系方程：

$$\dot{\varepsilon}_{ij} = d\lambda s_{ij} \tag{1-3}$$

式中　$d\lambda$——瞬时非负比例系数。

假设材料符合 Mises 屈服准则，即：

$$\frac{1}{2}s_{ij}s_{ij} = \kappa^2 \qquad \frac{3}{2}s_{ij}s_{ij} = \overline{\sigma}^2 \tag{1-4}$$

式中　$\overline{\sigma}$——材料的流动应力。

体积不可压缩条件：

$$\dot{\varepsilon}_{ij}\delta_{ij} = 0 \tag{1-5}$$

边界条件：

力学边界条件　　　　　　　$\sigma_{ij}n_j = F$

位移边界条件　　　　　　　$v_i = \overline{v}_i \tag{1-6}$

变分原理是刚塑性有限元法构建和求解的基础，它根据力能泛函驻值时确定的真实速度场求解场变量。该理论可表述为：设塑性变形体体积为 V，表面积为 S，变形体表面 S 分为受力表面 S_F 和速度已知表面 S_V。S_F 上给定面力 F_i，S_V 上给定速度 V_i，则在满足几何条件、体积不可压缩条件和边界条件的所有许可速度场中，使泛函：

$$\Pi = \int \overline{\sigma}\dot{\overline{\varepsilon}}dV - \int_{S_F} F_i V_i dS \tag{1-7}$$

式中　$\overline{\sigma}$——等效应力；

　　　$\dot{\overline{\varepsilon}}$——等效应变速率。

泛函取极小值所得的速度场必须为满足要求的精确解。因此，对泛函取变分，并令其等于 0，则有：

$$\delta\Pi = \int \overline{\sigma}\delta\dot{\overline{\varepsilon}}dV - \int_{S_F} F_i \delta V_i dS \tag{1-8}$$

式（1-8）是一个有约束的泛函极值问题。利用该式，理论上可以求解金属塑性成形问题，但在实际塑性变形问题中，选择初始的运动学许可的速度场时，速度边界条件和几何条件容易满足，而体积不可压缩条件则难以满足。为此，人们采用各种方法将体积不可压缩这一约束条件引入泛函中，构造一个新的泛函，从而将上述有约束的泛函极值问题变成一个无约束的泛函极值问题，这就是刚塑性材料的广义变分原理。

根据处理方法的不同，刚塑性有限元法可分为罚函数法、拉格朗日（Lagrange）乘子法、体积可压缩法、泊松比接近 0.5 法和流函数法等，其中最常用的是前两种方法。

罚函数法是用一个大的正数 α 附加在体积不可压缩条件式上，作为惩罚项引入泛函，这样构成的泛函为：

$$\Pi = \int \overline{\sigma}\dot{\overline{\varepsilon}}\,\mathrm{d}V - \int_{S_F} F_i V_i \mathrm{d}S + \frac{\alpha}{2}\int (\dot{\varepsilon}_V)^2 \mathrm{d}V \qquad (1\text{-}9)$$

式中 α——惩罚因子；

$\dot{\varepsilon}_V$——体积应变速率。

其中惩罚因子 α（一般为 $10^5 \sim 10^7$）是一个很大的正数，用来表示对变形体体积变化的惩罚的强弱，它的取值是否合适直接影响到收敛速度，一个大的、正的 α 值可以保证体积应变率接近于零，从而得到一个高精度的解，但 α 值太大，会影响迭代的收敛，甚至得不到收敛解；而 α 值太小，又难以限制变形体的体积变化，产生不能接受的体积损失，必然会降低数值模拟的精度甚至使模拟结果完全失真。一般地，可以将体积应变速率限制在平均等效应变速率的 $10^{-4} \sim 10^{-3}$ 倍之内，这样对应的 α 为 $10^5 \sim 10^7$。同时，从应力方面考虑，惩罚因子 α 的合理取值范围在数值上大约等于材料流动应力的 $10^3 \sim 10^4$ 倍。罚函数法的未知数个数和方程都比拉格朗日法少，因此计算时占用的内存小，计算效率高，收敛速度快。罚函数法只能计算应力偏量 S_{ij}，无法求得静水压应力 σ_m，但可以证明：

$$\sigma_\mathrm{m} = \lambda = \frac{\alpha}{V}\int \dot{\varepsilon}_V \mathrm{d}V \qquad (1\text{-}10)$$

拉格朗日乘子法是应用条件变分的概念，利用拉格朗日乘子将体积不可压缩条件引入泛函，得到一个无约束条件的新泛函，其形式为：

$$\Pi = \int \overline{\sigma}\dot{\overline{\varepsilon}}\,\mathrm{d}V - \int_{S_F} F_i V_i \mathrm{d}S + \lambda \dot{\varepsilon}_{ij}\mathrm{d}V \qquad (1\text{-}11)$$

式中，拉格朗日乘子 λ 等于静水压应力 σ_m，这样就可以通过式（1-12）计算应力场。

$$\sigma_{ij} = S_{ij} + \lambda \delta_{ij} \qquad (1\text{-}12)$$

利用拉格朗日乘子法可以很方便地求出应力分布，但在求解时每一个单元都要取一个拉格朗日乘子作为未知数，随着未知数个数和方程增加，计算时间变长，占用内存增大。

数值模拟软件 DEFORM-3D 中采用的方法为罚函数法，惩罚因子取 10^6。

1.3 DEFORM 软件简介

20 世纪 70 年代后期，位于美国加州伯克利的加利福尼亚大学小林研究室在美国军方的支持下开发出了有限元软件 ALPID，1990 年在此基础上开发出 DEFORM-2D 软件。该软件的开发者独立出来成立了 SFTC 公司（Scientific Forming Technologies Co.），并推出了 DEFORM-3D 软件。DEFORM-3D 是集成了原料、成形、热处理和切削加工的软件。

DEFORM 的理论基础是经过修正的拉格朗日定理，属于刚塑性有限元法，其材料模型包括刚性材料模型、塑性材料模型、多孔材料模型和弹性材料模型。DEFORM 还提供了三种迭代计算法：Newton-Raphson（牛顿-拉夫森法）、Direct（直接迭代法）和 Explicit

（显式算法），根据不同的材料性能可以选择不同的计算方法。同时该软件提供了丰富的材料库，包含了许多常用材料的弹性变形数据、塑性变形数据、热能数据、热交换数据、晶粒长大数据、材料硬化数据和破坏数据。

　　DEFORM 软件主要应用在金属体积成形的分析上，包括挤压、镦粗、锻造、轧制、弯曲等金属加工过程，允许自定义材料模型、压力模型、断裂准则、边界条件、有限元网格数和网格大小，必要时还可以进行局部细化。通过模拟可以提供金属流变的应力场、应变场、速度场和温度场，另外，该软件还可以对淬火、退火、正火、回火蠕变等过程进行热传导耦合分析。

　　DEFORM 主要由三个模块构成：前处理器、求解器和后处理器。

　　前处理器的主要功能是调入模拟几何数据，设定模拟环境，划分有限元网格，选择物体材料，设定模拟控制参数，选择求解器和迭代方法。前处理器的设置直观重要，直接关系到模拟能否顺利进行，以及模拟结果的真实性和可靠性。求解器是有限元数值模拟计算的核心模块，DEFORM-3D 软件模拟计算时，首先通过有限元离散化将几何方程、运动方程、本构方程、屈服条件和边界条件转化为非线性方程组，然后通过求解器进行迭代求解。后处理器主要作用是通过图片、曲线或数字的形式显示模拟结果，在后处理器中能够提供以下模拟结果：变形过程的载荷曲线、试样每一步的变形情况。还可以以等值线或云图的形式显示试样变形过程中每一步应力、应变、应变速率的大小和分布。

1.4　H62 黄铜 LED 灯具散热底座芯棒挤压成形

1.4.1　问题描述

　　图 1-1 所示是某型号 LED 灯具散热底座芯棒设计简图，为杯杆类零件，芯棒材料为 H62 黄铜，采用挤压的方法热塑性成形芯棒半成品，再经切削加工至设计尺寸。研究任务：①确定合理的坯料尺寸；②确定合理的凹模倾角。

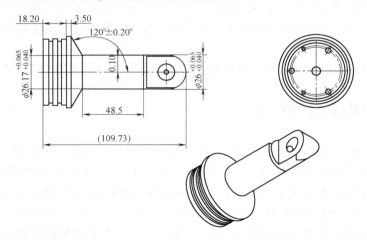

图 1-1　LED 灯具散热底座芯棒设计简图

该 LED 灯具散热底座芯棒零件图如图 1-2 所示，与挤压件最大外径接近的常用铜棒主要有三种：$\phi50mm$，$\phi56mm$，$\phi58mm$。根据体积不变原则，坯料下料尺寸为 $\phi50mm \times 54mm$，$\phi56mm \times 43mm$，$\phi58mm \times 40mm$，因此本次工艺参数模拟分为三组。根据生产实际，拟定芯棒挤压成形工艺方案见表 1-1，以确定合理的坯料尺寸。坯料温度为 450℃，实验前预热模具。坯料的加热采用箱式电阻加热炉，加热温度为 440℃±10℃，保温 30min±5min。实验过程中采用动物油润滑。实验设备为 Y32-200 型万能四柱液压机。

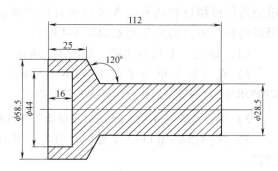

图 1-2　LED 灯具散热底座芯棒零件图

表 1-1　芯棒挤压成形工艺方案

坯料尺寸 /mm	坯料长度 /mm	凸模运动速度 /(mm/s)	第一阶段	第二阶段	第三阶段	说明
$\phi50$	54	0.5	镦粗	芯棒头部的反挤压	芯棒杆部的正挤压	
$\phi56$	43	0.5	镦粗	芯棒头部的反挤压	芯棒杆部的正挤压	
$\phi58$	40	0.5	芯棒头部的反挤压	芯棒杆部的正挤压		

采用标准挤压模架，凸凹模设计简图如图 1-3 所示（凸凹模挤压圆角为 0.5mm），复合挤压凸凹模选用了 Crl2MoV 制造，热处理后硬度为 58～62HRC，应力圈采用 45 钢制造，热处理硬度为 38～42HRC。模具的凸凹模表面全部抛光。预应力配合角度为 0.5°，必须保证配合面积达到 80%以上。

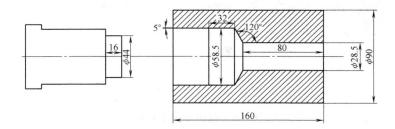

图 1-3　复合挤压凸凹模简图

根据生产实际，此案例采用温锻成形工艺。在有限元模拟时，采用圆柱形坯料，坯料材料选择 CuZn37［1100～1500℉（600～800℃）］，模具材料为 H13（美国牌号，对应我国牌号为 4Cr5MoSiV1）；模具和坯料间的传热系数设为 $11kW/(m^2 \cdot K)$；采用剪切摩擦模型，设置摩擦因数为 0.25；坯料预热温度为 450℃，模具预热温度为 150℃。

1.4.2　模拟设置

通过查阅文献或者自行设计获得所需模具以及详细尺寸，利用 UG 或其他造型软件画出模具实体模型，并保存为 .stl 格式。现基于 DEFORM-3D V10.2 版本对 $\phi50mm \times 54mm$ 坯料在凹模倾角为 120°时进行数值模拟，并演示主要操作步骤。其他尺寸坯料及其他凹模倾角的模拟过程读者请参考演示自行完成，最后确定合理的坯料尺寸和凹模倾角。成形时坯料与模具的装配关系如图 1-4 所示。

（1）创建一个新的问题　如图 1-5 所示。

1）在开始菜单中单击 DEFORM V10.2，选择 DEFORM-3D 并进入 DEFORM-3D 主窗口；

2）单击 File→New Problem 或单击 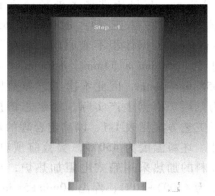 按钮；

3）在弹出的窗口中接受默认选项，单击 Next 按钮；

4）在弹出的窗口中选择"Other Place"，选择工作目录然后单击 Next 按钮；

5）在弹出的窗口中输入文件名，单击 Finish 按钮进入前处理操作界面。

图 1-4　坯料与模具的装配关系

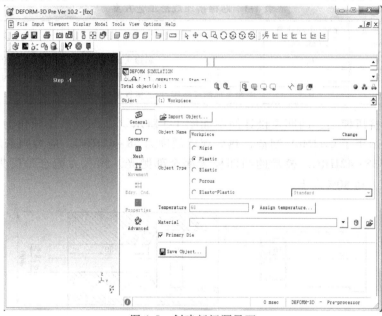

图 1-5　创建新问题界面

（2）设置模拟参数　如图 1-6 所示。

1）在前处理操作界面中单击 按钮进入模拟控制参数设置窗口；

2）在 Simulation Title 一栏中把标题改为 BLOCK；

3）设置 Units 为 SI，模拟类型 Deformation，并勾选 Heat Transfer。单击 OK 按钮，回到前处理操作界面。

（3）工件坯料设置　如图 1-7 所示。

1）坯料的导入。

① 单击 Geometry 和 Geo Primitive ... 按钮，进入工件坯料参数设置界面，所需工件坯料参数设置完成后，单击 Create 按钮，在操作界面生成工件坯料，单击 Close 按钮，回到前处理操作界面。

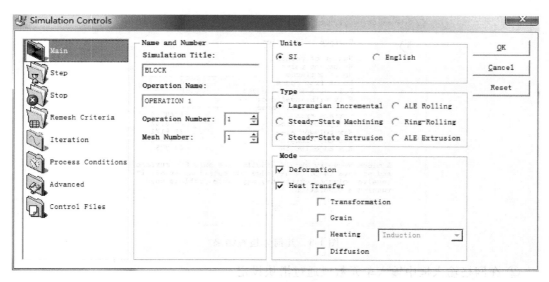

图 1-6　设置模拟参数

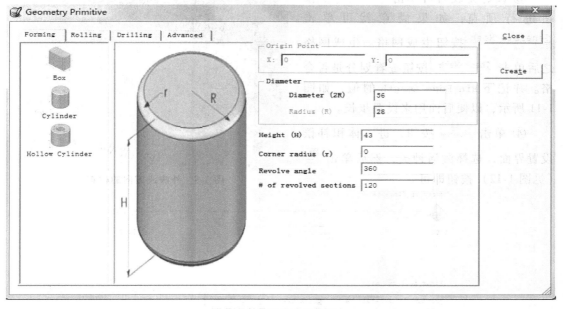

图 1-7　工件坯料设置

② 输入几何体后要检查输入对象是否有问题，检查方法如下：

单击 Check GEO ，查看弹出的窗口。对于一个封闭的几何体，必有 1 个面，0 个自由边，0 个无效的实体。如果正确单击 OK 按钮，回操作界面，如图 1-8 所示。

外法线方向的检查，如图 1-9 所示。单击 Show/Hide Normal 按钮，查看对象的外法线是否指向对象外。如果方向反了，单击 Reverse GEO 按钮。

2）划分网格、体积补偿。

① 单击图 1-5 中的 Mesh 按钮，进入网格划分，如图 1-10 所示。

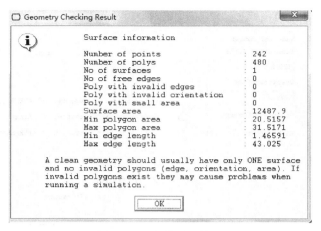

图1-8 几何体检查结果

② 在网格输入框中输入单元数或通过滑块设定。

③ 设定完成后可单击 Preview 按钮进行预览，如果满意就可单击 Generate Mesh 按钮生成网格。生成网格之后单击 Check Mesh 按钮查看划分是否合格。并记下 Min Edge Length 的值，如图1-11所示，以便后面用来设置步长。

④ 单击 Properties 按钮，进入体积补偿设置界面，选择激活种类，然后单击 （见图1-12）按钮即可。

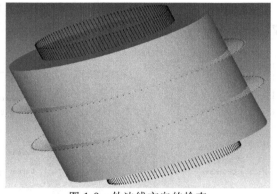

图1-9 外法线方向的检查

图1-10 "网格划分"对话框

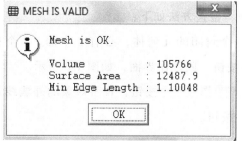

图1-11 "网格划分合格"对话框

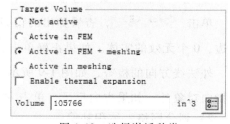

图1-12 选择激活种类

3）设置工件加工温度和材料。

① 单击 General 按钮进入温度和材料设置界面，如图 1-13 所示，因为第一个输入的为工件坯料，所以物体类型系统默认为 Plastic；

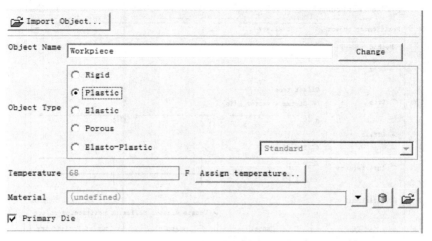

图 1-13　温度和材料设置界面

② 单击 Assign temperature... 按钮进行温度设置，如图 1-14 所示。

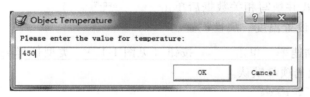

图 1-14　"物体温度设置"对话框

③ 单击 Material 输入框右侧的 按钮（见图 1-13），选择物体材料，选定后，单击 Load 按钮，如图 1-15 所示。

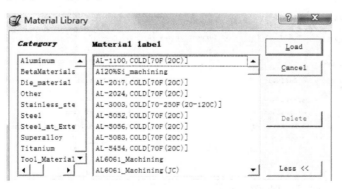

图 1-15　"材料库"对话框

（4）模具的设置

1）凸模的导入。单击图 1-5 中 按钮，然后依次单击按钮 Geometry 和 Import Geo...，从模具所在位置导入。

2）定位模具。有时导入的模具和工件位置需要调整，调整方法如下：

① 单击 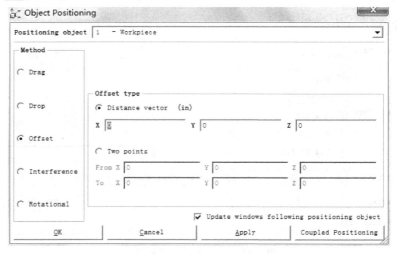 按钮进入调整界面，如图 1-16 所示。

图 1-16 "模具和工件位置调整" 对话框

② 选择调整方式并填写相关数据后单击 _____Apply_____ 。

3）划分网格、设置温度、属性设置。

①设置凸模运动速率。单击 Movement 按钮（见图 1-17），类型选择 speed、方向选择−Z、常数值改为 1，其他选项都默认。

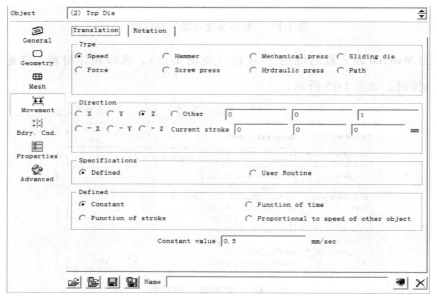

图 1-17 设置凸模运动速率

② 凹模的导入、定位和设置。可参照凸模的上述操作进行。

（5）定义模具和工件坯料之间的关系

1）单击 按钮（见图1-5），在弹出的窗口中单击"Yes"按钮进入"Inter-Object"对话框，如图1-18所示。系统默认将前面的物体和后面的物体定义为Master-Slave关系，即硬的物体设为Master，软的物体设为Slave。

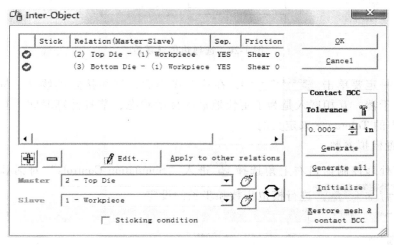

图1-18 "Inter-Object"对话框

2）选择第一组，单击 Edit... 按钮进入新的窗口，选择剪切摩擦方式Shear，根据成形方式选择摩擦因数Constant或者手动输入，如图1-19所示。

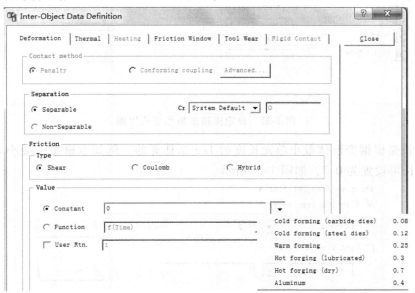

图1-19 选择摩擦方式和摩擦因数

然后单击 Thermal 标签（见图1-20），选择热传导系数Constant或者手动输入，单击 Close 按钮回到"Inter-Object"对话框。

3）选择第二组，单击 Apply to other relations 。

图 1-20　选择热传导系数

4）最后一定要单击 **Generate all**，在这个操作后，互相接触的物体，Master 会自动与 Slave 发生干涉，互相嵌入是为了更快地进入接触状态，节省计算时间。互相嵌入的深度是由窗口中的 Tolerance 来定义的。

（6）设置模拟参数

1）在前处理控制窗口右上角选择 进入 "Simulation Controls" 对话框，如图 1-21 所示，选择 **Step** 进行模拟步数和步长的设定。

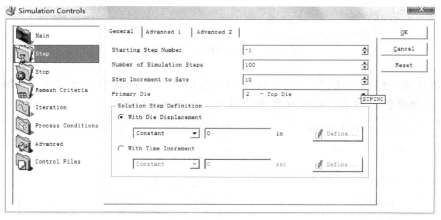

图 1-21　设定模拟步数和步长界面

2）步长是根据变形体最小单元长度的 1/3 来估算的，例如本模拟中最小单元长度为 1.1，则步长可设置为 0.3，如图 1-22 所示。

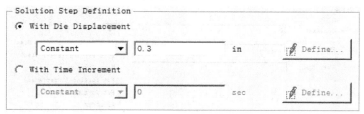

图 1-22　设置步长

3）运行步数根据凸模所走的总距离除以步长来估算，一般设置值比理论值大，如图 1-23 所示。

4）单击 **Stop** 可设置运行终止，在 General 一栏中输入凸模沿 Z 轴所走距离

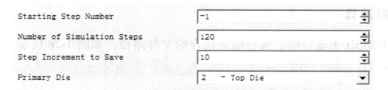

图 1-23 设置运行步数

（见图 1-24），单击 OK 按钮。

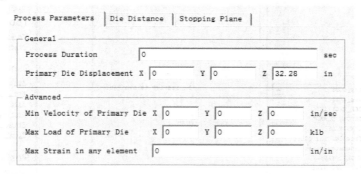

图 1-24 输入凸模沿 Z 轴所走距离

（7）生成数据文件

1）在前处理窗口单击 ⬛ （见图 1-5），进入 "Database Generation" 对话框，如图 1-25所示，单击 _____Generate_____ 按钮，生成文件。

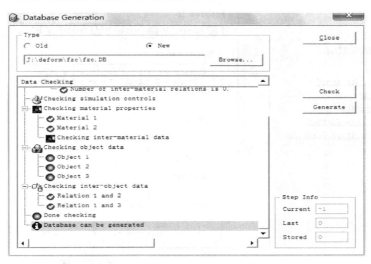

图 1-25 "Database Generation" 对话框

2）单击 _____Check_____ 按钮，检查是否有错误。计算机屏幕显示绿色表示正常，红色表示严重错误，黄色代表有可能导致错误。

3）单击 OK 返回前处理控制窗口。

1.4.3 模拟计算

在 DEFORM-3D 主窗口中，选择刚才保存的文件路径，如图 1-26 所示。

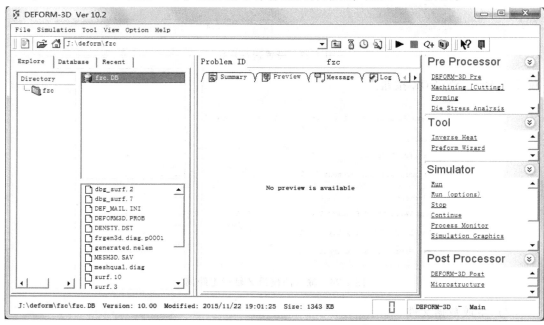

图 1-26　DEFORM-3D 主窗口

然后单击图 1-26 中 Simulator 中的 Run，模拟开始，结果如图 1-27 所示。

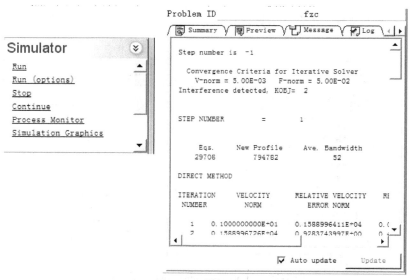

图 1-27　模拟结果

1.4.4 后处理

1）单击 Post Processor 中的 DEFORM-3D Post，进入后处理窗口。

2）在后处理窗口中可以观察工件变形过程，如图1-28所示。

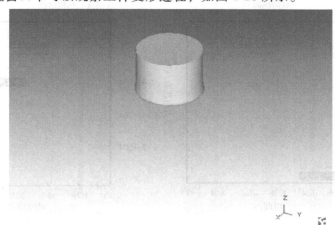

图1-28　观察工件变形过程的后处理窗口

3）查看变量状态。单击 📊 查看载荷-时间曲线等（见图1-29）。

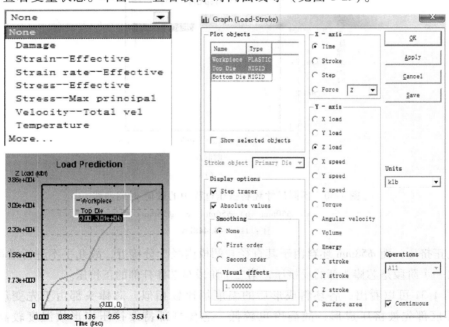

图1-29　载荷-时间曲线

1.4.5　模拟结果分析

（1）不同坯料尺寸下的数值模拟（见图1-30）

从图1-30可以看出，ϕ50mm坯料和ϕ56mm坯料挤压过程分为三个阶段，ϕ58mm坯料则为两个阶段。考虑ϕ50mm和ϕ56mm由于坯料直径小，放入凹模后与凹模之间存在较大间隙，故坯料在成形之前先进行了一个镦粗过程，第二个阶段是芯棒头部的反挤压，第三个阶段是芯

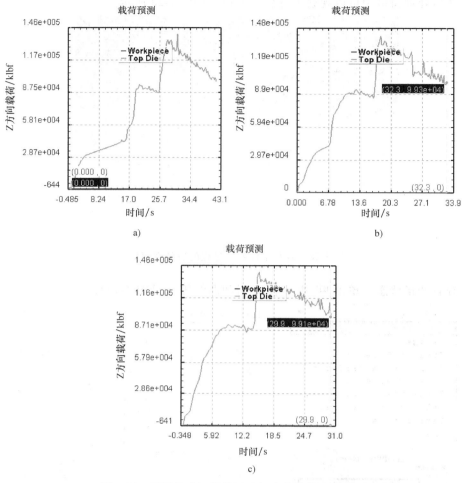

图 1-30 不同尺寸坯料挤压过程中的载荷-时间曲线

a) φ50mm b) φ56mm c) φ58mm

注：1klbf=4.448kN

棒杆部的正挤压；而 φ58mm 坯料由于其直径与凹模内径十分接近，故几乎不进行镦粗，直接成形，第一个阶段是芯棒头部的反挤压，第二个阶段是芯棒杆部的正挤压。

从图 1-31 可以看出，各坯料成形后的温度场比较相似，芯棒头部由于先变形温度较低，芯棒底部先被挤压成形，故温度也较低，芯棒杆部持续挤压变形故温度较高，芯棒斜角部分变形最大故温度最高，从斜角处到杆部底部温度逐渐降低。从图 1-32 可以看出各坯料成形后的应力分布不均匀，芯棒头部和沉槽底部应力较大，芯棒斜角部分由于变形剧烈应力也较大，芯棒杆部有少许残余应力但整体接近零。φ50mm 坯料和 φ58mm 坯料应力值跨度较大，挤压过程较不稳定，φ56mm 坯料应力在 0.0827～22.0ksi（1ksi = 6.84MPa）之间，整个挤压过程更加平稳。

（2）不同凹模倾角下的数值模拟

改变凹模的倾角为 135°，仍采用原料下料尺寸分别为 φ50mm×54mm、φ56mm×43mm、φ58mm×40mm，挤压速率 0.5mm/s（0.02in/s），温度为 450℃，摩擦因数 0.12。

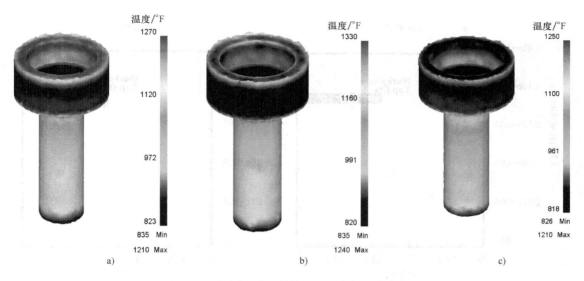

图 1-31　不同尺寸坯料挤压过程中的温度变化

a) ϕ50mm　b) ϕ56mm　c) ϕ58mm

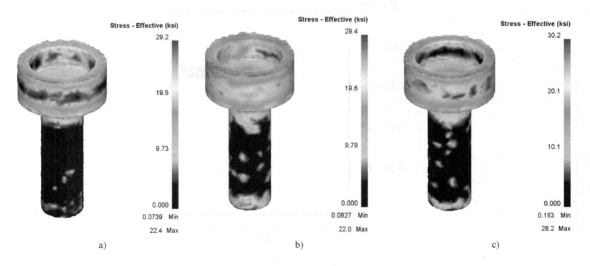

图 1-32　不同尺寸坯料挤压过程中的应力云图

a) ϕ50mm　b) ϕ56mm　c) ϕ58mm

进行三组模拟实验，分析比较实验结果（见图 1-33）。

从图 1-33 可以看出，ϕ50mm 坯料和 ϕ56mm 坯料变形过程经历了芯棒的镦粗、芯棒头部的反挤压、芯棒杆部的正挤压三个阶段；ϕ58mm 坯料则由于其直径与凹模内径十分接近，故几乎不进行镦粗，直接成形，第一个阶段是芯棒头部的反挤压，第二个阶段是芯棒杆部的正挤压。同时观察各坯料的行程载荷曲线，芯棒杆部正挤压阶段载荷波动均较大，改变模具倾角，使得挤压过程变得不稳定。

从图 1-34 可以看出，各坯料成形后的温度场比较相似，芯棒头部由于先变形，温度较低，芯棒底部先被挤压成形，故温度也较低，芯棒杆部持续挤压变形故温度较高，芯

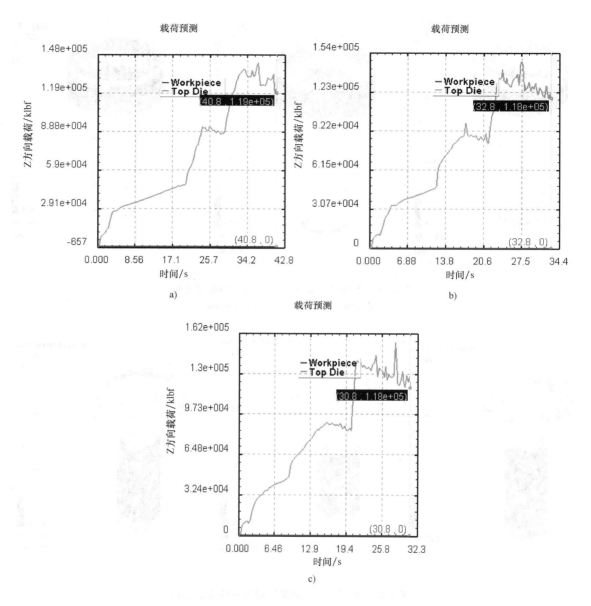

图 1-33 不同尺寸坯料挤压过程中的载荷-时间曲线

a) $\phi50mm$ b) $\phi56mm$ c) $\phi58mm$

棒斜角部分变形最大故温度最高，从斜角处到杆部底部温度逐渐降低。同时由于增大了模具倾角，变形过程中摩擦增大，使得坯料温度场也明显增大。

从图 1-35 可以看出各坯料成形后的应力分布不均匀，芯棒头部和沉槽底部应力较大，芯棒斜角部分由于变形剧烈应力也较大，芯棒杆部有少许残余应力但整体接近零。$\phi50mm$ 坯料和 $\phi58mm$ 坯料应力值跨度较大，挤压过程较不稳定，$\phi56mm$ 坯料应力在 $0.208\sim23.0ksi$ 之间，整个挤压过程更加平稳。

综合上述分析可知，通过对 H62 黄铜芯棒挤压成形进行 Deform 模拟，可知：

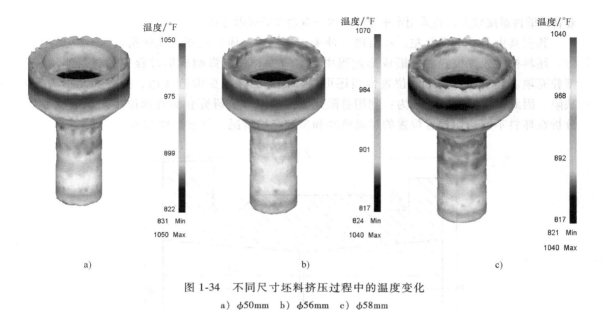

图1-34 不同尺寸坯料挤压过程中的温度变化

a）φ50mm b）φ56mm c）φ58mm

1）不同直径的坯料模拟，φ56mm×43mm 的坯料挤压变形情况最理想。

2）凹模倾角为 120°时更有利于挤压的顺利进行。

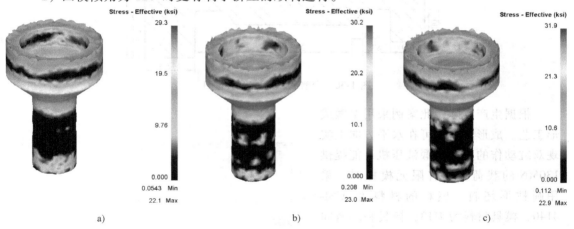

图1-35 不同尺寸坯料挤压过程中的应力云图

a）φ50mm b）φ56mm c）φ58mm

1.5 套管头四通多向模锻成形

1.5.1 问题描述

套管头是采油（气）生产设备中的重要连接件，而套管头四通是关键零部件，其在高压载荷下工作，因此对其力学性能、耐腐蚀性能等要求较高。图1-36 所示是某型号套管头四通锻件示意图，分析该阀体类锻件的特点，选择多向模锻成形方案，可在提高材料利用率和生产效率的同时，保证金属流线的完整性，从而保证锻件性能。但由于一次成形带有高法兰和深孔的套管头锻件难度较大，宜采用水平分模、水平双动模锻成形方式。

其模具由上、下模及左、右凸模（冲头、法兰为一体）构成，几何模型如 1-37 所示。

坯料初始放置位置在模锻成形过程中起着重要作用，影响成形过程中的材料流动和型腔充填。坯料在锻模中的位置恰当还可以降低压力，减少锻造飞边、折叠和充不满等缺陷。因此，本案例的任务为：利用有限元数值模拟方法研究套头管四通多向模锻成形，分析在坯料不同初始放置位置的材料流动和型腔充填情况，改善锻件质量。

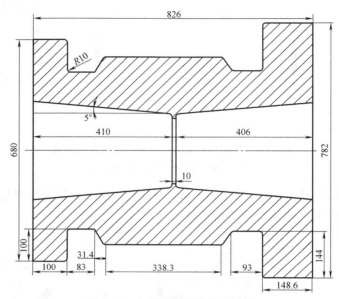

图 1-36　套管头四通锻件示意图

根据生产实际，此案例采用温锻成形工艺。成形设备为可在水平方向上实现双缸动作的多向模锻液压机，能提供130MN 的载荷。在有限元模拟时，采用圆柱形坯料，坯料的材料为 AISI-4140，模具材料为 H13；模具和坯料间的传热系数设为 $11kW/(m^2 \cdot K)$；采用剪切摩擦模型，设置摩擦因子为 0.3；坯料预热温度为 1230℃，模具预热温度为 300℃。从仿真的角度至少需要完

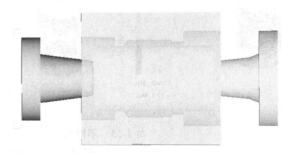

图 1-37　套头管四通锻件模具模型

成的工序见表 1-2。以坯料在上、下模型腔中的合理位置为研究任务，设三个初始位置，分别为坯料在左端型腔的长度 L 为 196.5mm、226.5mm、256.5mm，成形方案见表 1-3。采用有限元分析软件 DEFORM-3D 对不同位置下的模锻成形过程进行数值模拟。

1.5.2　模拟设置

现基于 DEFORM-3D V10.2 版本对坯料在模腔中的初始位置 L＝226.5mm 时的多向模锻成形过程进行数值模拟并演示主要操作步骤。坯料在其他初始位置下的模拟过程请参考该演示，

最后对坯料不同位置下的模拟结果进行分析并确定最优位置。

在数值模拟之前，根据锻件尺寸要求，利用三维造型软件（UG、Solidworks、CATIA 等）绘制出多向模锻成形模具及坯料模型。

表 1-2　套管头四通仿真工序

序号	操作	时间	说明
1	出炉坯料移至上、下模腔	10s	坯料/空气热交换，忽略坯料同夹持工具的热交换
2	摆料及上、下模具锁模	15s	坯料/模具、坯料/空气热交换
3	左冲头、左法兰、右冲头、右法兰运动至最终位置		冲头及法兰运动至法兰即将接触到坯料端面位置
4	左法兰、右法兰运动至最终位置		法兰运动至最终成形位置

表 1-3　坯料初始位置影响研究的成形方案

编号	L/mm	第一阶段	第二阶段	第三阶段
A	196.5	左冲头、左法兰 31.68mm/s；右冲头、右法兰 40mm/s；至左冲头运动到 592mm	左冲头：31.68mm/s；右冲头 40mm/s；至最终位置	左法兰 15.8mm/s；右法兰 20mm/s；至最终位置
B	226.5	左冲头、左法兰 35.34mm/s；右冲头、右法兰 40mm/s；至左冲头运动到 515mm	左冲头：35.34mm/s；右冲头 40mm/s；至最终位置	左法兰 13.5mm/s；右法兰 20mm/s；至最终位置
C	256.5	左冲头、左法兰 39.39mm/s；右冲头、右法兰 40mm/s；至左冲头运动到 526mm	左冲头：39.39mm/s；右冲头 40mm/s；至最终位置	左法兰 19.7mm/s；右法兰 20mm/s；至最终位置

（1）~（9）为空气传热过程。

（1）创建一个新的问题

1）在 DEFORM-3D 系统平台上的工具条中单击 ▤ 按钮，创建新的问题。弹出问题设置对话框如图 1-38 所示，选择通用前处理模块 "Deform-3D preprocessor"，单位设置选择国际单位 SI。

2）可根据需要自行修改其他设置（如任务名称、存储路径等）。设置完成后即进入前处理模块。

（2）设置模拟参数　在前处理界面上单击 按钮，打开模拟控制窗口，此时可

图 1-38　问题设置

根据需要修改模拟的题目和操作名称，再次确定单位被设置为 SI。由于首先要模拟的是坯料从加热炉到模腔的单纯热交换过程，只需激活 Heat Transfer 选项，如图 1-39 所示。

（3）导入几何体

1）单击 Geometry 按钮，再单击 Import Object... 按钮，在弹出的读取文件对话框中找到先前由三维造型软件绘制好的坯料文件并加载。

2）在 Objects 窗口中单击 按钮，添加 Top Die，并单击 Geometry ，然后单击 Import Object... ，在弹出的对话框中导入上模。

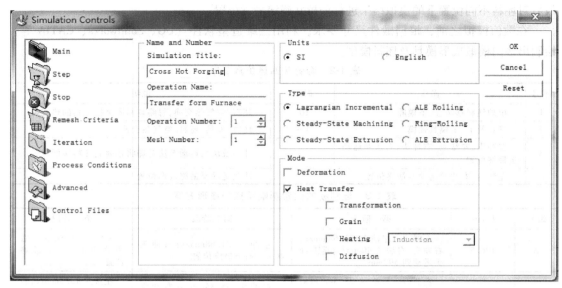

图 1-39　模拟控制设置

3）重复第二步操作导入下模。

4）再次单击 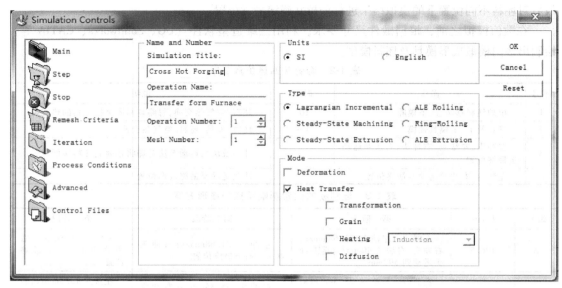 按钮，物体列表中增加了一个名为 Object4 的物体，单击 Import Object... 按钮，导入左凸模，为方便记忆，单击 General 按钮，可将 Object Name 改为 Left Die。

5）重复第四步操作，导入右凸模。

（4）坯料的设置

1）在目标树上选择 Workpiece，单击 General 按钮，对坯料的材料、温度进行基本设置，如图 1-40 所示。由于先模拟的是单纯的传热过程，可将坯料定义为主动模具（Primary Die）。

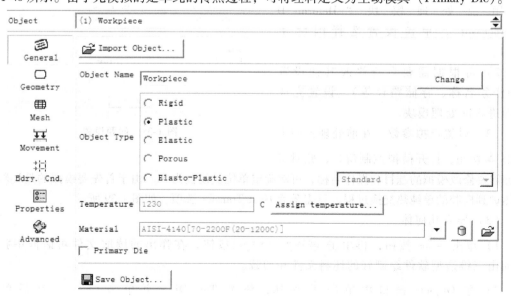

图 1-40　坯料基本设置

2）单击 Mesh 按钮，对坯料进行网格划分，坯料划分网格数量为 70000，如图 1-41 所示。

图 1-41　网格划分

3）单击 Bdry. Cnd. 按钮，选择 Thermal 里的 Heat Exchange with Environment 选项，再单击下面的 Environment 按钮，在弹出的对话框中设置环境温度和传热系数，如图 1-42a、b 所示。选

a)

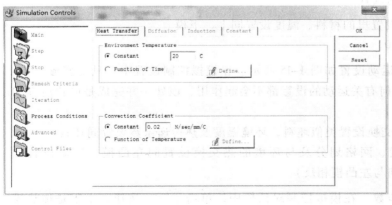

b)

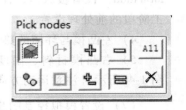

c)

图 1-42　坯料边界条件设置

择交换边界时，单击如图 1-42c 所示面板中的 All 按钮，再单击 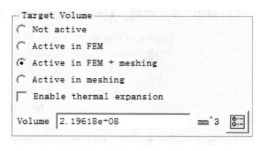 按钮，将所选面添加为热交换面。

图 1-43　坯料体积补偿

4）单击 Properties 按钮，设置坯料的体积补偿。选择 ⊙ Active in FEM + meshing，并单击 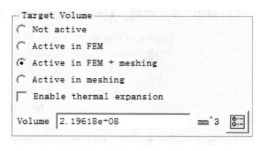，前面的数值框会自动填充补偿量，如图 1-43 所示。

（5）上模、下模的设置

1）在目标树上选择 Top Die，单击 General 按钮，对上模的材料、温度进行基本设置，如图 1-44 所示。

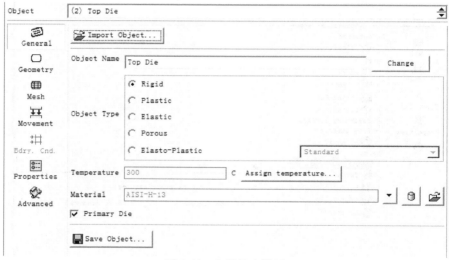

图 1-44　上模基本设置

2）下模的设置同上模。

（6）左凸模、右凸模的设置

1）左凸模 General 基本设置里的材料、温度设置同上、下模。

2）划分网格数为 30000。

3）单击 Movement 按钮，运动设置如图 1-45 所示。在模拟控制设置中，只要变形（Deformation）没有被激活，任何有关运动的设置都不会起作用，该处一并完成是简化后续加工阶段的前处理设置。

4）左凸模与环境的热交换设置类似坯料，环境温度及热传递系数设置同坯料。

5）右凸模材料、温度、网格划分及与环境的热交换设置同左凸模，运动设置如图 1-46 所示（注意运动方向与左凸模相反）。

（7）设置模拟控制的步数　在模拟控制对话框中，单击 Step 按钮，由于是传热模拟，选用时间来定义步数，每步设置为 0.5s，因为该传热过程共 10s，则运行步数为 20。具体如图 1-47 所示。

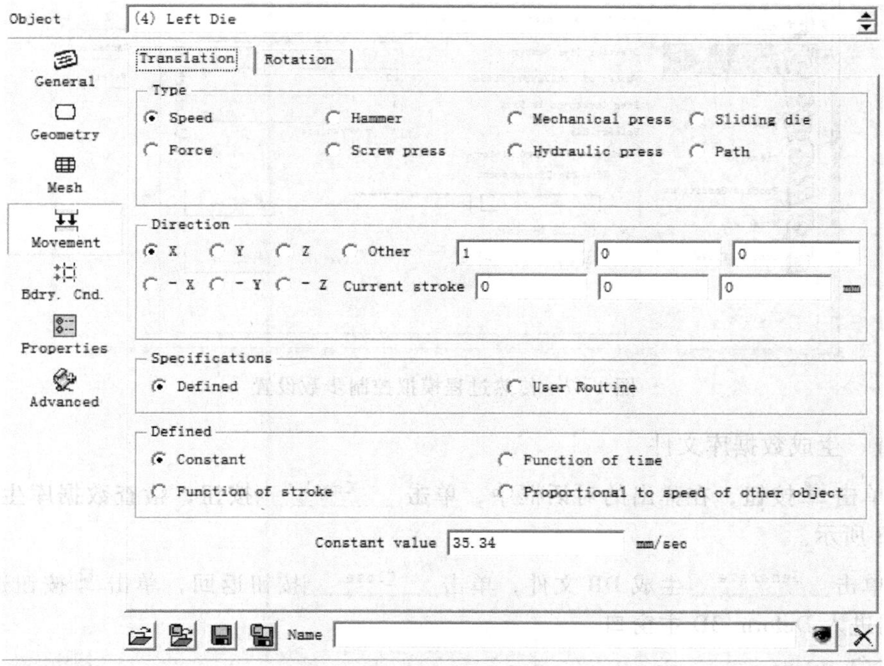

图 1-45　左凸模运动设置

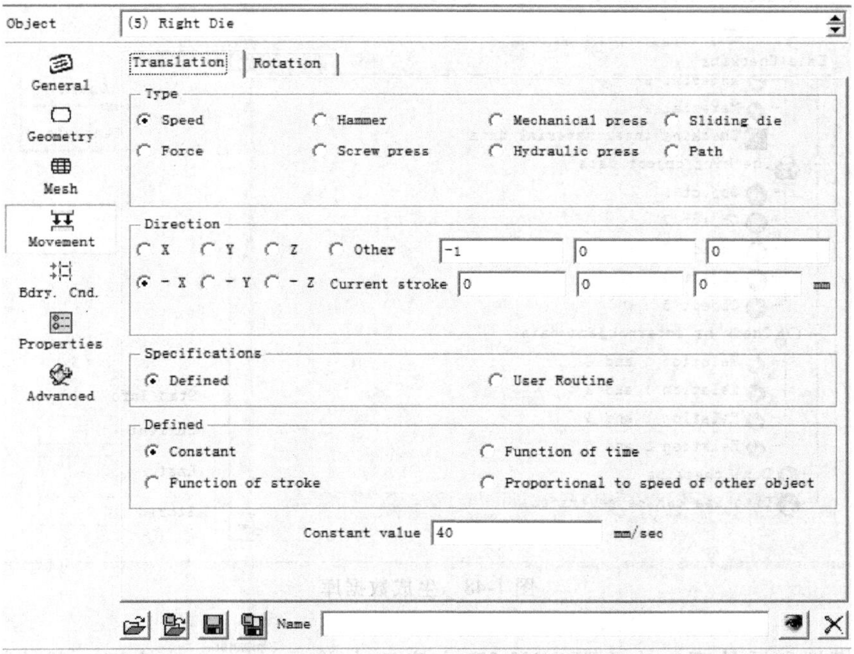

图 1-46　右凸模运动设置

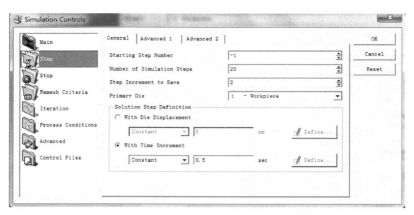

图 1-47　传热过程模拟控制步数设置

（8）检查、生成数据库文件

1）单击 🗄 按钮，在弹出的对话框中，单击 ▭Check▭ 按钮，检查数据库生成情况，如图 1-48 所示。

2）单击 ▭Generate▭ 生成 DB 文件，单击 ▭Close▭ 按钮返回，单击 🗄 按钮退出前处理窗口，进入 Deform-3D 主窗口。

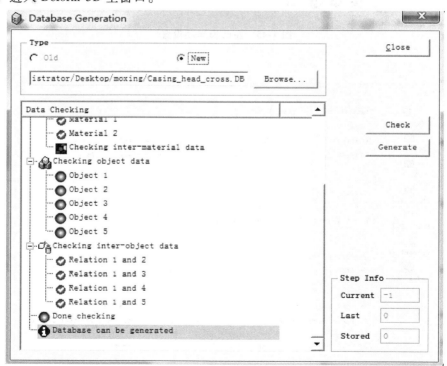

图 1-48　生成数据库

（9）模拟和后处理　在 DEFORM-3D 主窗口中单击 Simulator Run 按钮，开始模拟计算。模拟完成后，单击 Post Processor DEFORM-3D Post 按钮可进入后处理界面。

下面为温锻过程。

根据模拟工序，坯料与空气的传热过程之后是坯料与模具的热交换过程模拟，由于两个工序软件操作内容相似，不再赘述。此处演示后续温锻过程中变形与热传递耦合物理场下的模拟过程，又由于温锻过程可分为冲头和法兰以不同速度运动模拟两个阶段，此处只展示冲头运动模拟的具体操作，法兰运动模拟读者自行参考完成。

（10）打开前处理 在软件主界面找到前面分析获得的数据文件，单击进入前处理的按钮，在弹出的对话框中选择第 50 步（摆料过程模拟步数为 30），如图 1-49 所示。

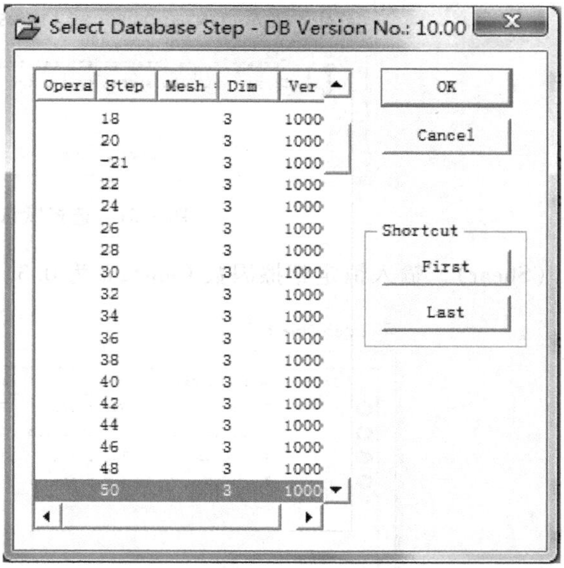

图 1-49 步数选择

（11）设置模拟控制

1）由于该过程是耦合过程，在模拟控制窗口中要同时激活变形（Deformation）选项。

2）左凸模步数设置为 150，每 10 步保存，每步长为 3.3mm（坯料最小网格单元尺寸的三分之一左右，最小网格尺寸可在生成网格后单击 Check Mesh 查看）。具体如图 1-50 所示。

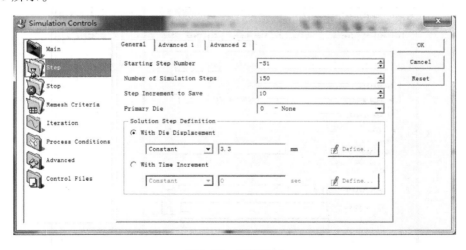

图 1-50 步数设置

（12）定义接触关系

1）单击 按钮，弹出如图 1-51 所示对话框，单击 Yes 按钮，弹出 Inter-Object 对话框，如图 1-52 所示，系统自动将上、下、左、右模具与坯料间定义为主从关系。

2）单击 Edit... 按钮，进入新的对话框，如图 1-53 所示。选择摩擦类型为剪切摩

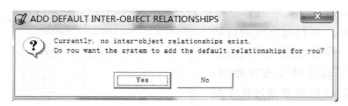

图 1-51　选择默认接触关系

擦（Shear），输入恒定摩擦因数 Constant 为 0.3。

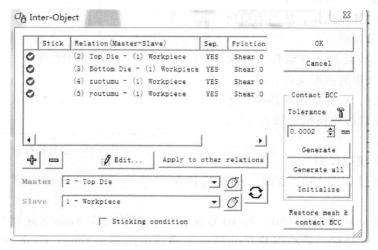

图 1-52　接触关系

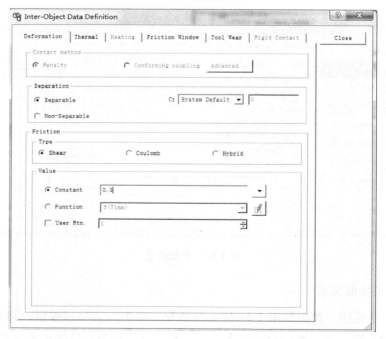

图 1-53　摩擦设置

3）再选择上面对话框中的 Thermal 按钮，设置接触热传导系数 Constant 为 11，如图 1-54 所示。

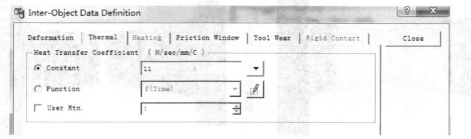

图 1-54　热传导设置

4）再回到 Inter-Object 对话框，单击 Apply to other relations 按钮，使各接触关系间均产生上述设置，再单击 Generate all ，最后单击 OK ，退出接触设置。

1.5.3　模拟计算

此处操作同传热模拟阶段。模拟完成后，一切正常的前提下进入前处理界面，继续进行下一工序的模拟设置。

1.5.4　模拟结果分析

1）图 1-55 是锻件成形结束时温度分布，由图可以看出，锻件内外温度差较大，外层与模具接触，散热量大，其温度较低；且锻件低温区域在变形前期已经充填完毕，而在变形后期基本不再变形。锻件内部散热慢，且塑性变形会产生热量，使得内部温度有所上升。

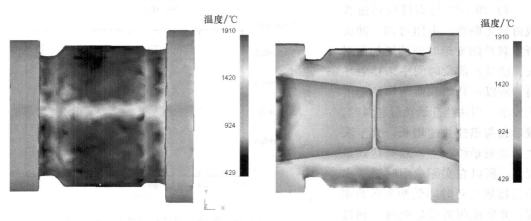

图 1-55　锻件成形结束时温度分布

2）图 1-56 是成形结束时冲头的温度分布。在变形过程中，坯料与模具之间发生热传递，热量很难散发出去，导致最高温度都集中在冲头顶部。左、右冲头温升较高，需在实际生产中对冲头采取一定的降温措施。

3）图 1-57 是成形结束时等效应变分布云图。由图可知，锻件左右两内孔表层处的金属变形程度要远大于锻件最外缘处金属的变形程度。在锻件成形终了时，锻件内孔表层处的等效应变最大。

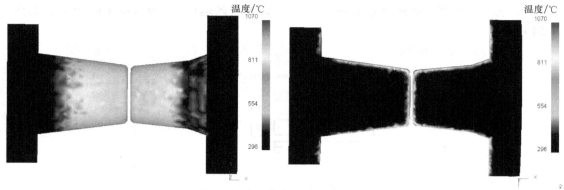

图 1-56　成形结束时冲头温度分布

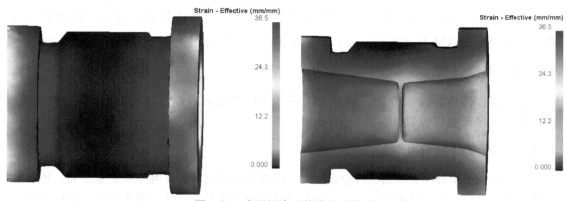

图 1-57　成形结束时等效应变分布

4）图 1-58 是锻件成形过程载荷变化曲线。由图可知，冲头所需载荷随变形时间的增加而增大，法兰在前段时间中未接触坯料，所以一开始载荷增加的幅度比较小，当法兰开始接触坯料时，成形载荷迅速快速增长，直至法兰运动到最终位置，载荷达到最大值。所以在实际成形时要考虑法兰接触坯料时降低冲头运动速度，并保证所需成形载荷不超过现有压力机所能提供的载荷。

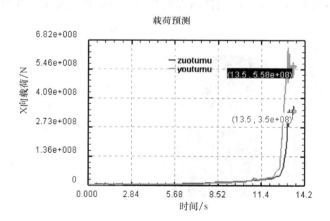

图 1-58　锻件成形过程中载荷变化曲线

1.6　钢材孔型轧制成形

1.6.1　问题描述

轧制，是金属通过旋转的轧辊的挤压，横断面积减小，长度增加的过程。本例通过建立棒材和轧辊的有限元模型，采用大型非线性有限元软件 DEFORM-3D 中的 Shape-rolling 模块对 45 钢 63.5cm×63.5cm×254cm 的方形坯料经孔型轧制得到 ϕ18in 的圆形棒材，确定钢材轧制工艺流程，并分析轧件的等效应变及截面尺寸等相关参数。

选择原材料的钢坯尺寸为 50.8cm×50.8cm×254cm，坯料材料选择 AISI-1045 [70~2000℉（20~1200℃）]。工件、轧辊的相应参数及有限元模型中的边界条件如下：

① 工件温度：300℉；

② 轧辊温度：100℉；

③ 轧辊速度：300r/min；

④ 速度边界条件：第一道次轧件出口速度为 15.95m/s；

⑤ 摩擦边界条件：摩擦模型采用剪切摩擦模型，摩擦因子取 0.7；

⑥ 热边界条件：取环境温度为 68℉，只考虑坯料的热传导，不考虑轧辊的热传导。

⑦ 坯料的传热系数为 50kW/（m² · ℃）。

轧制工艺分为 6 道次，具体工艺流程见表 1-4。

表 1-4　孔型轧制工艺流程

道次	操　作	说　明
1	建立工件、轧辊及推块模型，进行第一道次轧制	去除方形坯料的棱角，为后续轧制做准备
2	导入第一道次轧制后的工件、轧辊和推块，进行第二道次的轧制	将工件绕轴心旋转 90°，去除相应边的棱角，为后续轧制做准备
3	导入第二道次轧制后的工件，建立相应的轧辊及推块模型，进行第三道次的轧制	将去除棱角后的方形工件轧制成具有一定圆形截面的棒材
4	导入第三道次轧制后的工件，建立相应的轧辊及推块模型，进行第四道次的轧制	将圆形工件轧制成具有一定椭圆形状的钢材，细化表面晶粒，减小工件表面的应力
5	导入第四道次轧制后的工件、轧辊及推块模型，进行第五道次的轧制	将工件绕轴心旋转 90°，去除辊缝导致的飞边
6	导入第五道次轧制后的工件，建立相应的轧辊及推块模型，进行第六道次的轧制	将椭圆形的工件进行最终的圆形轧制，得到所需要的棒材

轧辊的几何尺寸按照一定比例进行设计，具体轧辊尺寸和工艺参数详见表 1-5。

表 1-5　轧辊几何尺寸设计　　　　　　　　　　　　（单位：cm）

道次	辊缝 G	轧辊半径 R	边宽 w_1	w	ϕ	R_1	θ
1	5.84	170.18	12.70	66.04	63.50	5.84	0
2	5.84	170.18	12.70	66.04	63.50	5.84	0
3	4.75	135.38	10.16	52.83	50.80	4.75	0
4	2.54	121.92	9.14	47.55	45.72	4.27	76.2
5	2.54	121.92	9.14	47.55	45.72	4.27	76.2
6	0	121.92	0	47.55	45.72	0	0

各道次推块速度详见表 1-6。

表 1-6　推块速度设计

道次	1	2	3	4	5	6
速度 v/（m/s）	9.14	18.28	18.28	19.32	19.32	19.32

1.6.2　模拟设置

（1）创建一个新的问题

1）在主窗口左上角单击  按钮，创建新问题。

2）在弹出的问题类型（Problem Type）界面中选择 Shape rolling（型钢轧制），如图 1-59 所示。

3）本例中采用的是 Deform 中已有的模块 Shape rolling 来完成孔型轧制，读者若有兴趣，可直接采用 Deform-3D preprocessor 完成轧制过程的模拟。

图 1-59　问题类型

（2）型轧工艺的设置　单击工艺设置对话框的 Default setting>> 按钮（见图 1-60），将轧制（Rolling）的选项按图 1-61 所示（默认值）进行设置。

图 1-60　型轧界面

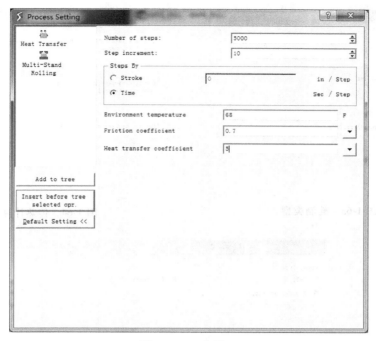

图 1-61　工艺设置

（3）定义轧制工艺

1）双击 Multi-Stand Rolling 按钮，然后在输入框中将工序命名为 Shape—Rolling（1），如图 1-62 所示。

图 1-62　工序名称

2）在轧制类型里选中"Lagrangian（incremental） rolling"单选按钮，如图 1-63 所示。

3）在传热计算窗口选中第 2 项，只计算坯料的温度，不考虑轧辊的温度变化，如图 1-64 所示。

4）在物体数目窗口，考虑到工件是由方形坯料轧制成圆形坯料，轧制前与轧制后都属于轴对称工件，因此选择的模型种类为 1/4 对称（Quarter symmetry）模型，（包含工件、主辊和推块），如图 1-65 所示。

同样的，也可以选用二分之一对称模型和全模型，但会增加相应的计算量和计算时间，有兴趣的读者可以自行尝试。

（4）轧辊设计　单击图 1-66a 中 Use primitives for roll pass design 按钮，出现"轧辊设计"对话框，设置轧辊形状，单击 Create 按钮，作图区会出现几何体，如图 1-66b 所示。6 个道次的轧制工艺流程均已列在表 1-4 中，供读者参考，后文不再赘述。

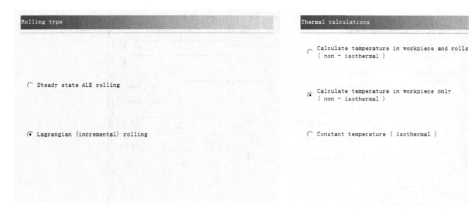

图 1-63　轧制类型

图 1-64　传热计算

图 1-65　物体数目

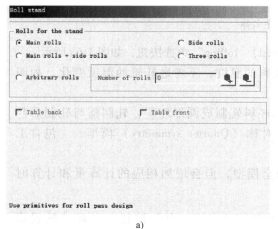

a)

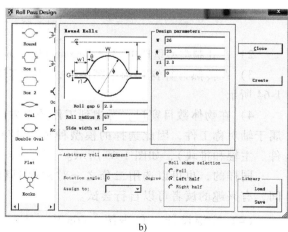

b)

图 1-66　轧辊设计

（5）定义轧辊

1）在物体窗口，上轧辊的温度设为 100 ℉，如图 1-67 所示。

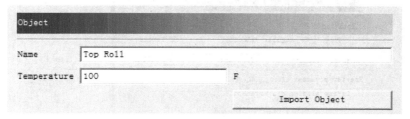

图 1-67　上轧辊属性设置

2）在轧辊截面定义窗口，前面已经定义好了，不做改变。

3）在 3D 设置窗口，几何生成选择为 `Uniform geometry generation`，层数设置为 108，如图 1-68 所示，单击 `Generate 3D geometry` 按钮。

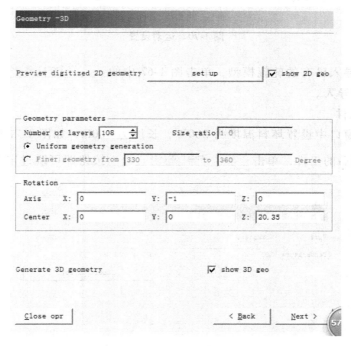

图 1-68　上辊设置

4）在对称面窗口，考虑到所采用的是四分对称模，且只包含主模，因此需要选取对称面，在主模中只包含一个对称面。单击 `Add` 按钮（如图 1-69），选择作图区的对称面（0，-1，0）的对称面。

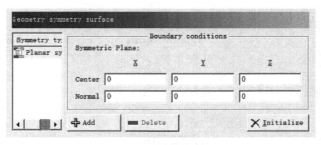

图 1-69　对称面窗口

5）在运动设置窗口，角速度设置为 300r/min（rpm），如图 1-70 所示。

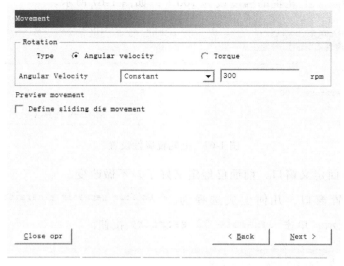

图 1-70　运动设置

6）若需要导入已有的轧辊模型，单击图 1-67 中的 Import Object 按钮即可完成已有模型的导入。

（6）定义工件

1）在对象窗口中设置坯料温度为 300℉，长度为 100in，如图 1-71 所示，若需要导入上一道次轧制后的工件，单击 Import Object 按钮即可跳过定义工件后面的相关设置。

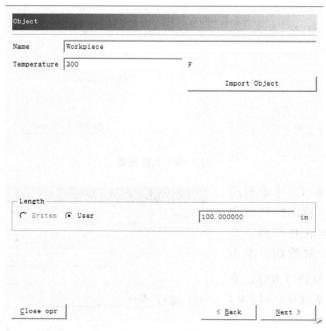

图 1-71　坯料属性

2）在几何截面窗口，单击
Use 2D geometry primitives 按钮，如图 1-72
所示。

3）在几何参数对话框，选择棱柱
形，设置长宽分别为 10，如图 1-73 所示，
单击　Create　按钮。

4）将 2D mesh 的数量设置为 100，
3D 的层数设为 72，其他取默认值，如图
1-74 所示。单击 Generate 3D mesh 按钮，
生成网格。

图 1-72　几何截面窗口

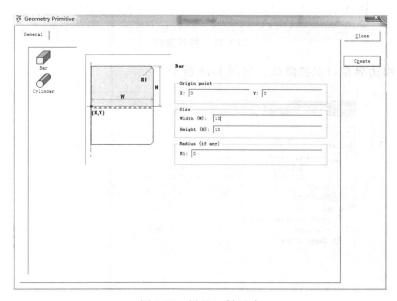

图 1-73　设置坯料尺寸

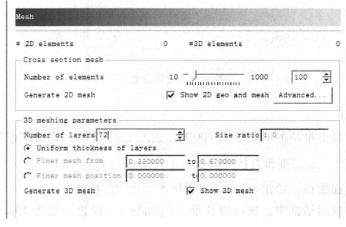

图 1-74　网格设置

37

5）在材料窗口，单击 Import material from library 按钮，选择 Steel-AISI-1045_（20-1100C）选项，如图 1-75 所示，单击____Load____按钮。

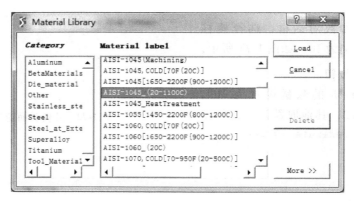

图 1-75　材料选择

6）在坯料边界窗口保持默认，如图 1-76 所示。

图 1-76　边界设置

（7）定义推块

1）在对象窗口上推块的温度设为 100℉，如图 1-77 所示，若已有推块模型，也可单击____Import Object____按钮直接导入。

2）在几何截面窗口，单击 Use 2D geometry primitives 按钮。

3）在几何参数对话框中，选择圆柱形（Cylinder），设置半径为 15mm，如图 1-78 所示，单击____Create____按钮。

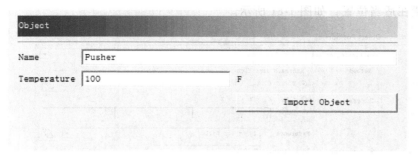

图 1-77　上推块属性

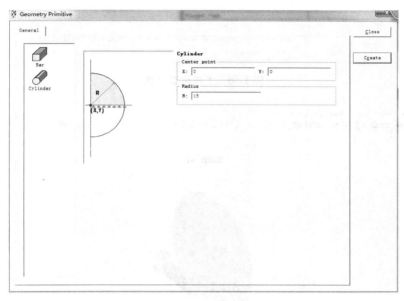

图 1-78　坯料尺寸

4）在 3D 设置窗口，单击 `Generate 3D geometry` 按钮，生成网格。

5）在对称面窗口，利用 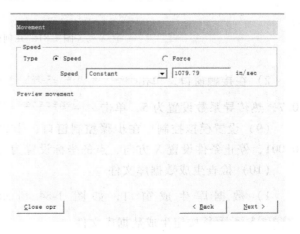 ＋Add 增加（0，-1，0）和（0，0，-1）两个对称面。

6）在运动控制窗口，速度会根据轧辊速度和尺寸自动设置，此处的速度为 1079.79in/s，如图 1-79 所示。

（8）接触关系设置

1）在位置设置窗口，单击 `Object positioning` 按钮，设置模块接触关系，如图 1-80 所示。以轧辊为参考，分别设置工件和推块位置。通过弥补、接触和旋转等选项，将轧辊、工件

图 1-79　推块运动

和推块放置在适当位置，如图 1-81 所示。

图 1-80　工件位置设置

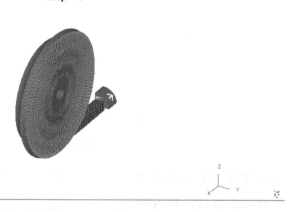

图 1-81　几何位置

2）在接触窗口，单击 Generate inter object relations 按钮，将摩擦因数设置为库仑摩擦 0.7，热传导系数设置为 5，单击 Generate 按钮，生成接触关系，如图 1-82 所示。

（9）设置模拟控制　在步骤控制窗口，步数设为默认 500，步长设为 10，每步时间 0.001，停止条件设置 X 方向，点的坐标设置为（0，0，0），如图 1-83 所示。

（10）检查生成数据库文件

1）数据库生成窗口，如图 1-84 所示，单击 Check data 按钮检查，单击 Generate database 按钮生成数据库文件。

2）单击 ▮ 按钮退出前处理，进入到主窗口。

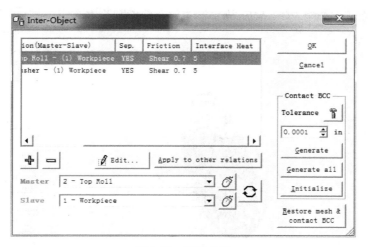

图 1-82　接触关系

1.6.3　模拟计算

1）在 DEFORM-3D 的主窗口中，单击 Simulator 中的 Run 按钮开始模拟。

图 1-83　模拟步骤　　　　　　　　　　　　　　图 1-84　数据库生成

2）模拟过程中，单击 Simulator 中 Simulation Graphics 按钮，就可以演示工件的轧制进程，如图 1-85 所示。

3）模拟完成后，单击 DEFORM-3D Post 按钮进入后处理。此时默认选中物体 Workpiece，单击 ● 按钮，图形区将只显示 Workpiece 一个图形。在 Step 1 窗口选择最后一步，可直接查看最后的轧制结果。

4）其余 5 道次的轧制过程与以上相似，读者可自行模拟，在此不再赘述。

1.6.4　模拟结果分析

（1）各道次应变云图　各道次应变云图如图 1-86 ~ 图 1-91 所示。

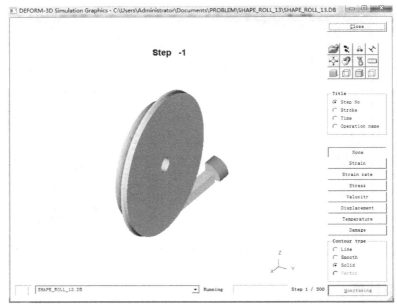

图 1-85　轧制进程

分析：从各道次应变图可以看出，在 ϕ25mm 轧辊处发生的应变最小，这时候方形坯料逐渐被咬入，并在摩擦力作用下进入轧辊孔型中发生塑性变形，在进入 ϕ20mm 轧辊时应变略有增加。随着下压余量的不断增加，应变也在增加，其中 ϕ18mm 辊道第一道工序最大应变达到 139，但在整个过程中整体等效应变比较均匀。

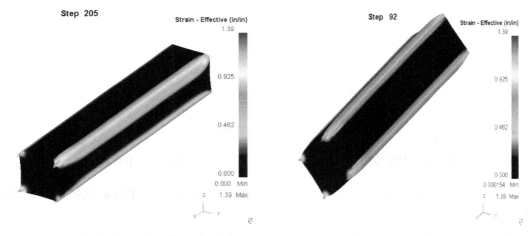

图 1-86　ϕ25mm 辊道第 1 道次应变云图　　　图 1-87　ϕ25mm 辊道第 2 道次应变云图

（2）各道次截面　各道次截面形状如图 1-92 所示。

分析：从各道次截面图可以看出，方形坯料在轧辊的挤压力作用下一步步发生变形，经过 ϕ25mm 轧辊两道工序后直角变为圆角，在后面的道次中逐渐变为圆形，截面积逐渐减小，同时工件长度增加。

（3）各道次温度场　各道次温度场如图 1-93 所示。

分析：当方形坯料在去圆角的过程中，即前两道工序，由于与轧辊接触的不均匀，故

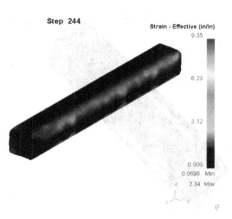

图 1-88　φ20mm 辊道第 1 道次应变云图

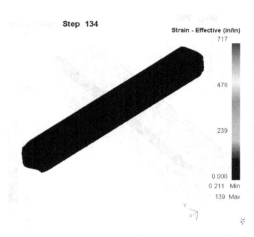

图 1-89　φ18mm 辊道第 1 道次应变云图

图 1-90　φ18mm 辊道第 2 道次应变云图

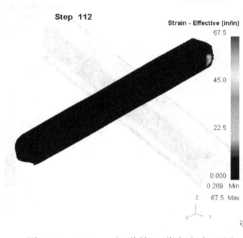

图 1-91　φ18mm 辊道第 3 道次应变云图

温度场不均匀，在受力较大的棱角部位，辊轮的挤压和摩擦使得坯料温度较高。随着坯料截面逐渐变圆，与轧辊接触变得均匀，温度场分布整体均衡，局部有较大的温差。同时可以得知在 φ18mm 辊道工序中由于此时工件出现加工硬化，应力应变的增加，温度也较之前工序有较大升高。

（4）各道次应力云图　各道次应力云图如图 1-94 所示。

图 1-92　各道次截面形状

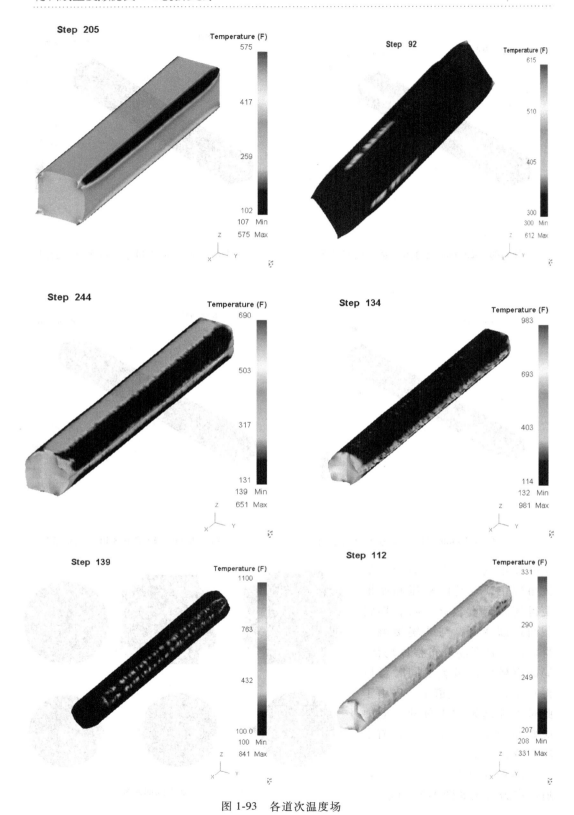

图1-93　各道次温度场

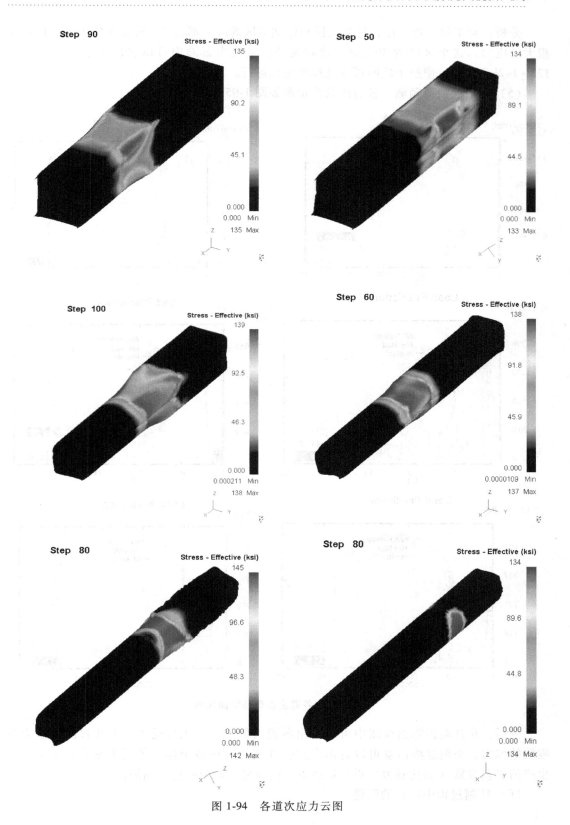

图 1-94 各道次应力云图

分析：对于每一道工序，待加工区和已加工区的应力都为 0，只有在挤压变形区存在很大的应力。这个区域的应力应变比较复杂，从应力云图中可以看出各道次应力都在 133~142ksi 之间，使整个轧制过程更加平稳地进行。

（5）各道次载荷预测　各道次载荷预测如图 1-95 所示。

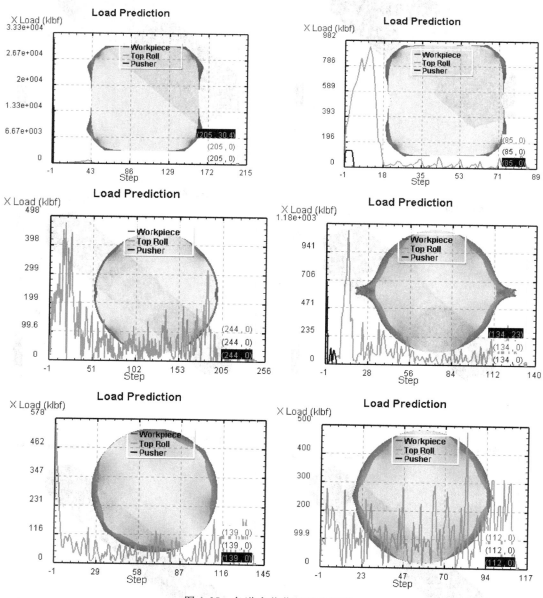

图 1-95　各道次载荷预测曲线图

分析：从载荷预测曲线图中可以得出各道次每一步的工件受力、上轧辊的轧制力及推块的推力，根据这些信息可以看出在整合轧制过程中各个部位的受力状态，也为实际生产的工艺参数（如轧制力）设置提供重要的参考，避免一些轧制缺陷。

（6）轧制过程中存在的问题

1）飞边。由于第四道次辊道截面减小，且工件截面接近圆形，且上下轧辊之间存在间隙，使得工件在间隙处产生飞边，如图1-96所示。这种缺陷在下一道工序中可以消除。

2）最后工序轧制始末段缺陷。第六道次是最后一道工序，工件的形状尺寸精度是整个轧制过程的关键。而在本道次的始末阶段，由于刚咬入时工件受力复杂且单侧受力，在另一侧缺少制约力，因此会出现图1-97所示缺陷。

解决方案：实际生产中，坯料很长，成形工件相对较短，缺陷区可作为废料直接切除。

图 1-96　第四道次辊道轧制零件图

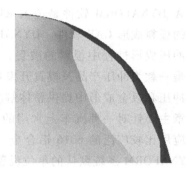

图 1-97　第六道次工件始端截面

第2章

金属板料冲压成形模拟仿真创新实践

ETA/DYNAFORM 软件是美国 ETA 公司和 LSTC 公司联合开发的一款基于 LS-DYNA 求解器的板料成形 CAE 软件。DYNAFORM 能够准确模拟板料冲压成形的工艺过程，较好地预测冲压成形过程中板料的破裂、起皱、回弹等缺陷；能够对整个模具开发过程进行模拟，是一款为冲压产品及模具开发提供 CAE 整体解决方案的软件。DYNAFORM 也是为企业在冲压和钣金成形中提供整体解决方案的软件。

本章主要针对一种汽车上常用的内饰防撞梁进行冲压成形工艺分析，材料采用汽车工业上应用比较广泛的 6016 铝合金。对于 DYNAFORM 初学者来说是较好的实例。本章采用 DYNAFORM 系统默认的单位设置：mm（毫米），t（吨），s（秒）和 N（牛顿）。

2.1 三维建模

启动 UG NX8.0，单击【插入】→【任务环境中的草图】，单击【平面方法】→【创建平面】，选择 YC 方向，单击反向 ✕ 按钮，创建如图 2-1 所示的草图。完成草图后沿 +Y 轴方向将草图拉伸 600mm，建立板料及凹模模型，另存为 IGES 类型文件，文件名为 DY.igs，模型如图 2-2 所示。

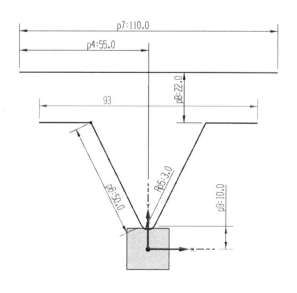

图 2-1 CAD 草图

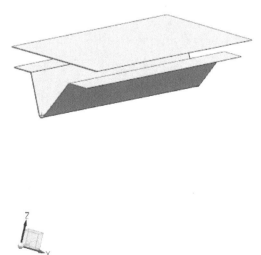

图 2-2 板料及凹模三维模型

2.2 模型导入与编辑

2.2.1 导入模型文件

启动 DYNAFORM5.9，选择菜单栏【File】→【Import】命令，弹出如图 2-3 所示的对话框，导入模型文件 DY. igs。

图 2-3 导入模型文件对话框

2.2.2 编辑零件层

观察模型可发现，该模型中含有多余的点、线，单击【Parts】→【Edit】，弹出如图 2-4 所示的"Edit Part"对话框。分别选择点、线对应的零件层，选择后该零件层将以高亮态显示，再单击【Delete】按钮，弹出如图 2-5 所示的"eta/DYNAFORM Question"对话框，单击【Yes】按钮完成删除，再单击【OK】按钮返回到"Edit Part"对话框。将零件层"C005V001"中的 Name 更改为 Die，单击【Modify】，单击【OK】按钮完成修改。

创建零件层"BLANK"，单击【Parts】→【Create】，弹出如图 2-6 所示的"Create Part"对话框，"Name"右栏处填写"BLANK"，Color 处可根据自己爱好选择。再单击【OK】按钮。

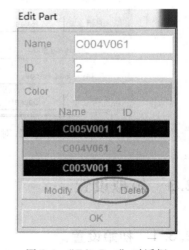

图 2-4 "Edit Part"对话框

单击"Parts→Add…to Part"弹出如图 2-7 所示"Add…to Part"对话框，单击"Surface（s）"按钮，弹出如图 2-8 所示的"Select Surfaces"对话框。拖动鼠标选取模型最上层的平面，该平面将以高亮态显示，如图 2-9 所示，单击【OK】按钮退出"Select Surfaces"回到"Add…to Part"对话框，在"To Part"输入框右边单击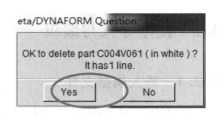，选择"BLANK"零件层，单击【Apply】后单击【Close】按钮。此时已有板料"BLANK"，以及凹模"Die"两个零件层。

图 2-5 "eta/DYNAFORM Question"对话框

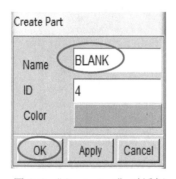

图 2-6 "Create Part"对话框

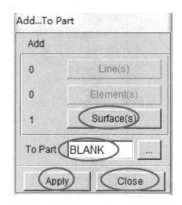

图 2-7 "Add… to Part"对话框

图 2-8 "Select Surfaces"对话框

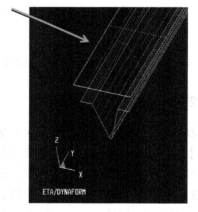

图 2-9 添加"BLANK"零件层

2.3 模拟设置

2.3.1 初始设置

选择菜单栏【AutoSetup】→【Sheet Forming】命令，弹出如图 2-10 所示的"New Sheet

Forming"对话框，完成初始设置，工件厚度设为2.0mm、工序类型设为"Single action"，工具参考面选择"Lower"，完成后单击【OK】按钮退出。弹出"Sheet Forming"对话框，如图2-11所示。

2.3.2　定义板料

在"Sheet Forming"对话框中，选择"BLANK"标签，单击【Define geometry】按钮，弹出如图2-12所示的"Blank generator"对话框，单击【Add part】按钮，弹出如图2-13所示的"Select Part"对话框，点选"BLANK"零件层，

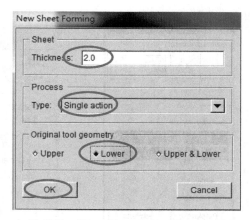

图2-10　"New Sheet Forming"对话框

零件"BLANK"呈黑色高亮显示。单击【OK】按钮退出，返回到"Blank generator"对话框中，单击【Blank mesh】按钮。弹出如图2-14所示的"Blank mesh"对话框，类型选择"Shell"，设置单元尺寸为4.0mm，单击【OK】按钮退出。弹出如图2-15所示的"eta/DY-NAFORM Question"对话框，单击【OK】按钮返回到"Blank mesh"对话框，再单击【OK】按钮返回到"Blank generator"对话框中，单击【Exit】按钮返回到"Sheet Forming"对话框。

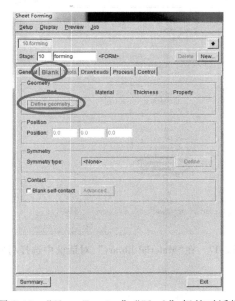

图2-11　"Sheet Forming""Blank"标签对话框

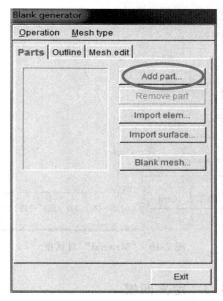

图2-12　"Blank generator"对话框

单击"DQSK"按钮，弹出如图2-16所示的"Material"对话框，单击【Material Library】按钮，在弹出窗口中"Standard"的输入框中选择"United States"，选择材料如图2-17所示。

单击【OK】按钮返回到"Material"对话框，再单击【OK】按钮返回到"Sheet Forming"对话框中。

图 2-13 "Select Part" 对话框

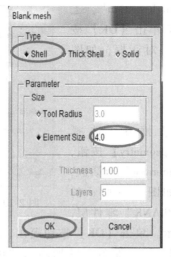

图 2-14 "Blank mesh" 对话框

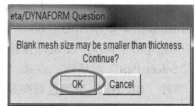

图 2-15 "eta/DYNAFORM
Question" 对话框

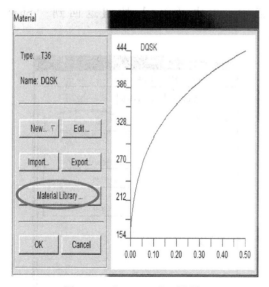

图 2-16 "Material" 对话框

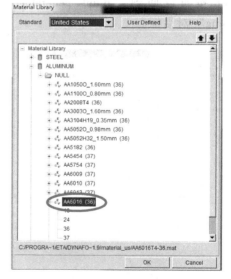

图 2-17 在"Material library" 对话框中选择材料

2.3.3 定义凹模

如图 2-18 所示的 "Sheet Forming" 对话框。单击 "Tools" 标签中的【die】按钮，单击【Define geometry】按钮，弹出如图 2-19 所示的 "Tool Preparation" 对话框，单击 按钮，弹出如图 2-20 所示的 "Select Part" 对话框，点选 "DIE" 零件层，零件 "DIE" 呈黑色高亮显示。单击【OK】按钮弹出如图 2-21 所示的 "Define tool" 对话框，单击【Exit】按钮返回到 "Tool Preparation" 对话框，选中 "Mesh" 标签，选择

"Surface Mesh" 图标 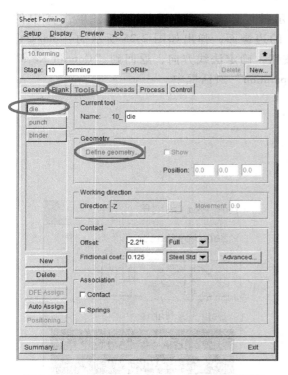，弹出如图 2-22 所示的 "Surface Mesh" 对话框。设置 "Max. Size" 为 4，单击【Apply】按钮，随后单击【Yes】按钮，再单击【Exit】按钮，返回到 "Tool Preparation" 对话框中。

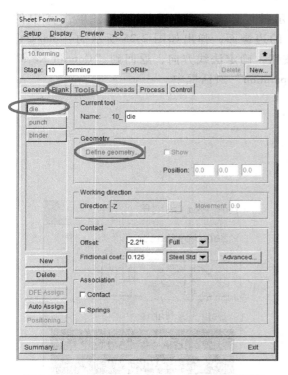

图 2-18　"Sheet Forming" "Tools" 标签对话框

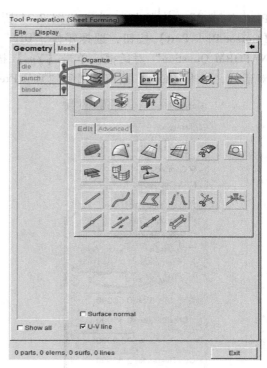

图 2-19　"Tool Preparation" 对话框

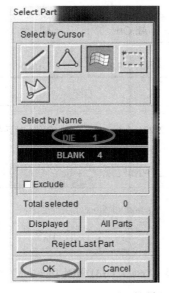

图 2-20　"Select Part" 对话框

图 2-21　"Define tool" 对话框

接下来检查"DIE"网格，单击"Tool Preparation"对话框中或者工具栏中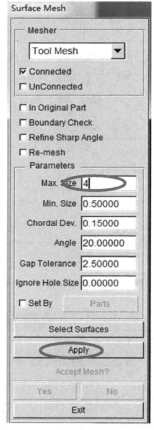图标，跳出如图 2-23 所示的"Turn Part On/Off"对话框，选择"BLANK"层，则零件层"BLANK"被隐藏，单击【OK】按钮返回到"Tool Preparation"对话框，单击"Auto Plate Normal"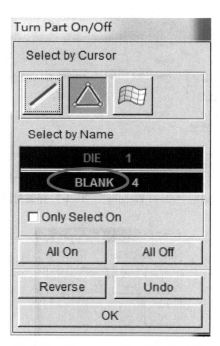按钮，弹出如图 2-24 所示的"Control Keys"对话框，单击其中的【Cursor Pick Part】按钮，选择零件"DIE"的边缘面，弹出如图 2-25 所示的"eta/DYNAFORM Question"对话框，单击【Yes】按钮，确定法线方向，返回到"Control Keys"对话框，单击【Exit】按钮返回到"Tool Preparation"对话框中。

图 2-22 "Surface Mesh"对话框

图 2-23 "Turn Part On/Off"对话框

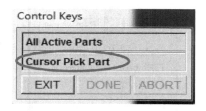

图 2-24 "Control Keys"对话框

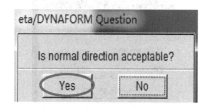

图 2-25 "eta/DYNAFORM Question"对话框

单击【Boundary Display】⊞按钮，进行凸模边界检查。一般只允许零件的外轮廓边界呈现黑色高亮状态，其余部分保持不变。如果其余的部分有高亮态，说明在该处单元网格有缺陷，则需要对该区进行局部修补或者重新划分网格。对"DIE"边界的检查如图2-26所示。

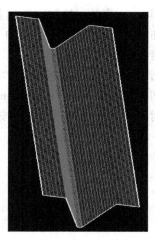

图2-26　零件
"DIE"边界检查

2.3.4　定义凸模

在"Tool Preparation"对话框中单击【punch】按钮，在相应的界面中单击【Copy Elements】 按钮，弹出如图2-27所示的"Copy elements"对话框，单击【Select】按钮，弹出如图2-28所示的"Select Elements"对话框。单击【Displayed】按钮，零件"DIE"整个被选中，呈高亮态显示。勾选【Exclude】，单击【Spread】 按钮，将【Angle】滑块的数值向右调整为1。分别单击凹模左右两侧凸边缘，则除凸边缘外的部分高亮态显示，单击【OK】按钮，返回到如图2-29所示的"Copy elements"对话框，单击【Apply】按钮后，再单击【Exit】按钮，返回到"Tool Preparation"对话框中，完成了凸模的定义。

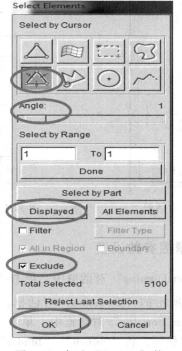

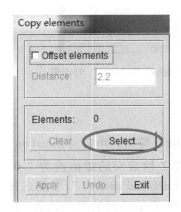

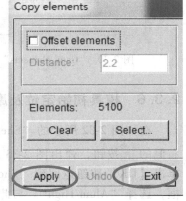

图2-27　准备进行单元选择的
"Copy elements"对话框

图2-28　勾选"Exclude"的
"Select Elements"对话框

图2-29　完成单元复制的
"Copy elements"对话框

2.3.5　定义压边圈

在"Tool Preparation"对话框中单击【binder】按钮，在相应的界面中单击【Copy

Elements】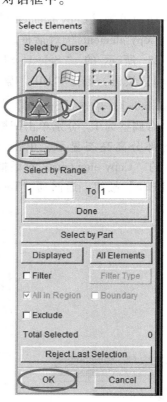按钮，弹出如图 2-30 所示的"Copy elements"对话框，单击【Select】按钮，弹出如图 2-31 所示的"Select Elements"对话框。单击【Spread】按钮，将【Angle】滑块的数值向右调整为 1。分别单击凹模左右两侧凸边缘，使凹模凸边缘高亮态显示。单击【OK】按钮，返回到"Copy Elements"对话框，单击【Apply】按钮后单击【Exit】按钮返回到"Tool Preparation"对话框中，完成了对压边圈的定义。在"Tool Preparation"对话框中，单击【Exit】按钮返回到"Sheet Forming"对话框中。

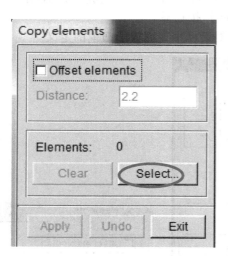

图 2-30　"Copy elements"对话框　　　　图 2-31　"Select Elements"对话框

2.3.6　模具初始定位及摩擦参数设置

在如图 2-32 所示的"Sheet Forming"对话框中，单击"die"按钮，单击"Direction"右侧的——按钮，弹出图 2-33 所示的"Direction"对话框，将 Z 轴后面的数值改为 1.0。单击【OK】按钮返回到"Sheet Forming"对话框中，单击"Frictional coef..."右侧选择框，选择"Alum High"。与此相同，将"punch""binder"的 Z 轴后面的数值改为 -1，摩擦因数改为"Alum High"。

在"Sheet Forming"对话框中单击【Positioning】按钮，弹出如图 2-34 所示的对话框，设置参数如图 2-34 所示，单击【OK】按钮返回到"Sheet Forming"对话框中。

2.3.7　板料冲压工艺设置

在图 2-35 所示的"Sheet Forming"对话框中，选择"Process"标签，单击【closing】

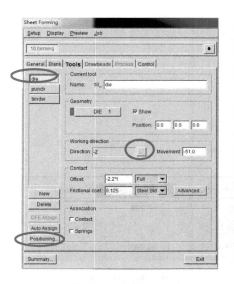

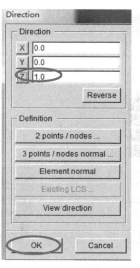

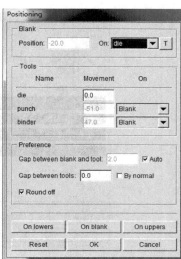

图 2-32　"Sheet
Forming"对话框

图 2-33　"Direction"
对话框

图 2-34　"Positioning"
对话框

按钮，完成图 2-35 所示的参数设置。再单击【drawing】按钮，完成图 2-36 所示的参数设置。在工具栏中单击 按钮弹出图 2-37 所示的"Turn Part On/Off"对话框，选择"BLANK"，则零件层"BLANK"呈高亮态显示，单击【OK】按钮，返回到"Sheet Forming"对话框中。再将显示开关区"Surfaces"的勾选取消，如图 2-38 所示。

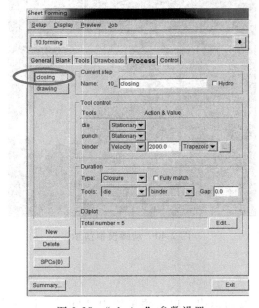

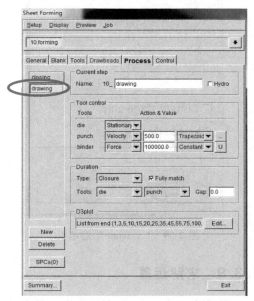

图 2-35　"closing"参数设置

图 2-36　"drawing"参数设置

2.3.8　运动规律动画模拟演示

在"Sheet Forming"对话框中单击菜单栏中【Preview】→【Animation】命令，弹出图 2-39

图 2-37 "Turn Part On/Off" 对话框

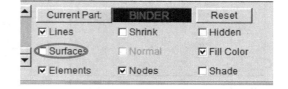

图 2-38 显示开关区

所示的对话框。可以调整【Frames/Second】滑块到适当的数值，单击【Play】按钮，可以看到动画模拟演示，如图 2-40 所示，从而判断工具模运动参数设置是否合理。单击【Stop】按钮结束动画模拟，返回到 "Sheet Forming" 对话框中。

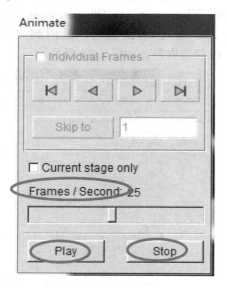

图 2-39 "Animate" 对话框

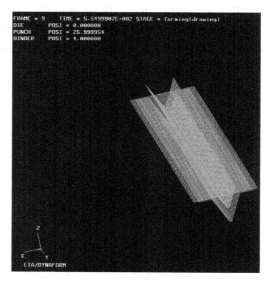

图 2-40 动画模拟演示

2.3.9 求解运算

在 "Sheet Forming" 对话框中，单击【Exit】按钮退出。单击菜单栏中【File】→【Save】命令保存文件。再选择菜单栏【AutoSetup】→【Sheet Forming】命令返回到 "Sheet Forming" 对话框中，单击菜单栏中【Job】→【Job Submitter】命令，弹出图 2-41 所示的 "Job options" 对话框，单击【OK】按钮弹出图 2-43 所示的 "Job Submitter" 对话框。"Status" 处显示为 "Running"，表示运算正在进行，显示 "Finished" 则表示运算已经完成，程序此时弹出图 2-42 所示的 LS-DYNA 计算窗口。

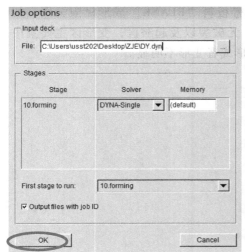

图 2-41 "Job options" 对话框

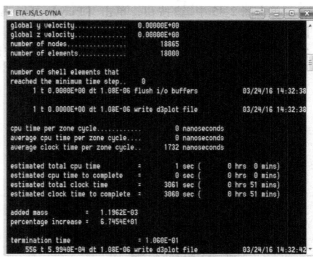

图 2-42 "LS-DYNA" 求解器计算窗口

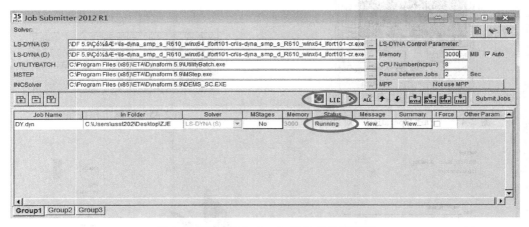

图 2-43 "Job Submitter" 任务提交管理器

2.4 后处理与结果分析

运算结束后单击 "Job options" 对话框中【Run PostProcessor】 按钮，可直接进入后处理程序。或者直接启动 "PostProcessor"，在菜单中单击【File】→【Open】命令，浏览保存的文件目录，选择 "DY.d3plot" 文件，打开，进入后处理程序。为更加直观观察板料的成形过程，单击 "Part On/Off" 按钮，弹出如图 2-44 所示的 "Part Operation" 对话框，关闭零件层 "DIE" "PUNCH" "BINDER"，单击【Exit】按钮退出。拖动【Frames/Second】滑块可以调整每秒帧数。单击【Play】 按钮，以动画形式显示整个变化过程。单击图 2-45 所示的图标可以观察不同的成形状态。根据计算数据分析成形结果是否满足工艺要求。

单击图 2-45 中按钮，单击【Play】可以观察板料"BLANK"成形极限云图，如图 2-46 所示。从图中可以看出零件成形效果较好，无破裂以及起皱区，变形区主要集中在弯曲圆弧和压边圈作用区，其他区域基本上无变形或者变形不明显。

图 2-44 "Part Operation"对话框

图 2-45 控制工作按钮

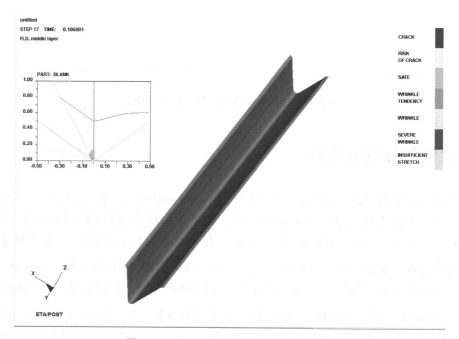

图 2-46 板料"BLANK"成形极限云图

单击 按钮，单击【Play】可以观察零件的厚度变化云图情况，如图 2-47 所示，可以看出零件厚度变化均匀，变形区也是主要集中在圆弧和压边圈作用区，基本上无大变形区域。

图 2-47　板料"BLANK"厚度变化云图

单击【Current Component】下拉菜单中【THINNING】命令，单击【Play】可以看出"BLANK"的减薄率变化云图，如图 2-48 所示。可以看出，减薄率很大的区域很小，可忽略不计，板料成形较好。

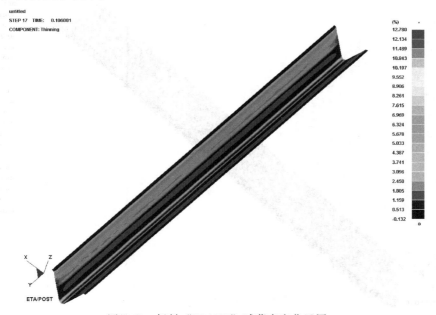

图 2-48　板料"BLANK"减薄率变化云图

单击【Major Strain】![1]按钮，单击【Play】按钮，可以看出中层面的主应力云图，如图 2-49 所示，成形板料无应力集中区。单击【Minor Strain】![2]按钮，单击【Play】可以看到中层面次应力云图，如图 2-50 所示，可以发现次应力数值较小。

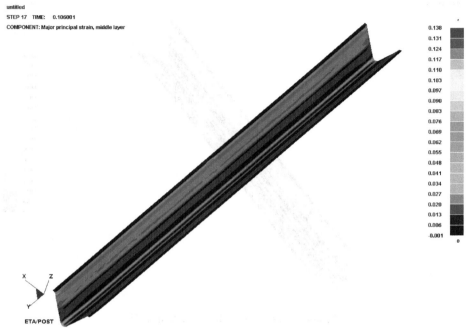

图 2-49 板料"BLANK"主应力云图

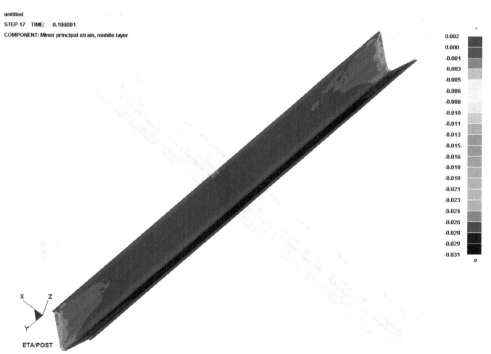

图 2-50 板料"BLANK"次应力云图

2.5　小结

该运算由于最大网格尺寸设为 4mm，所以运算会持续较长一段时间。读者可根据实际情况调整网格大小，一般修改最大网格尺寸即可，取 5~10mm 就可以得到良好的运算结果。通过模拟结果发现该工艺成形较好，无起皱、破裂、应力集中等缺陷；铝合金冲压时通常需适当提高压边力，这是因为铝合金的应变敏感性比较低。通过本章学习，读者可熟悉 DYNAFORM 软件的操作界面，掌握其前处理的基本操作方法，学习板料冲压成形工艺流程。对今后的学习及工作具有一定的指导意义。

第3章

塑料注射成型模拟仿真创新实践

3.1 电子词典壳体塑件注射成型

一款电子词典壳体塑件如图 3-1 所示，该塑件属于表面壳体件，结构相对比较复杂，有较多的曲面和肋边结构。图中圈出部分的壁厚较薄，只有 0.5~1mm；腔内侧多为肋边、成型孔和突起结构。塑件长 127mm，宽 76mm，高 10mm，平均壁厚为 1.5mm，属于中小型塑件。由于塑件为外观件，因此塑件对表观质量的要求非常高。塑件还需要装配，所以塑件对尺寸和精度的要求也很高。因此，这个塑件属于精密塑件，需要精密塑料模具注射成型。

本节将对该电子词典外壳塑件使用 UG 进行三维建模及分型，并对注射成型进行基于 Moldlfow 的分析及优化。

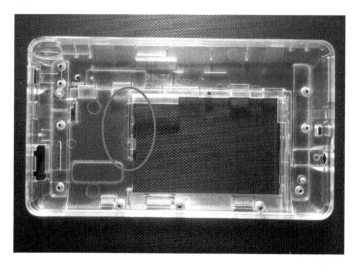

图 3-1　电子词典后盖

3.1.1 三维建模

（1）创建文件

单击【文件】→【新建】→【模型】→【模型】，设置文件名称为"abc. prt"，单击【确定】。右键菜单条空白处或在【工具】→【定制】中勾选"特征"工具条。出现特征工具条，如图 3-2 所示。

图 3-2　特征工具条

（2）设置坐标轴和基准平面

单击左侧资源条中的"部件导航器" ，右键"基准坐标系"设为显示，得到坐标轴和基准平面，如图 3-3 所示。

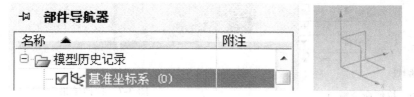

图 3-3　部件导航器

1）首先拉伸出一个长方体。单击特征工具条中的【拉伸】 按钮，单击【绘制截面】 按钮，选择在 x-y 平面上画图，如图 3-4 所示。

图 3-4　拉伸命令窗口

先用"矩形"工具画出矩形，再用"圆角"工具将四个角倒圆角，单击【完成草图】按钮，回到拉伸命令界面，如图 3-5 所示。

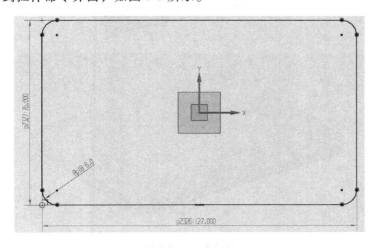

图 3-5　拉伸草图

选择刚画好的图形，设置开始距离为 0，结束距离为 10，指定矢量（拉伸方向）为zc轴正方向，将图形拉伸 10mm 高，如图 3-6 所示，单击【确定】按钮，得到长方体，如图 3-7 所示。

图 3-6　拉伸命令窗口

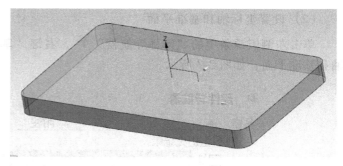

图 3-7　拉伸结果

继续使用拉伸命令，在零件的侧面作图，在该平面上画出要切除的部分。之后设置结束距离，在"布尔"输入框中选择"求差"，即可切除出圆斜面，另一侧同理可得，如图3-8所示。

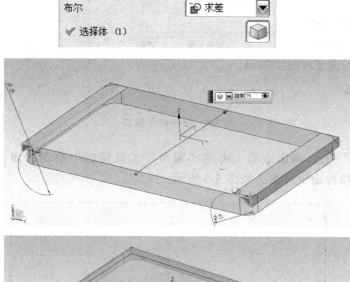

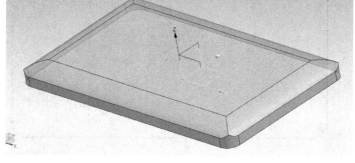

图 3-8　拉伸过程

2）单击【边倒圆】命令 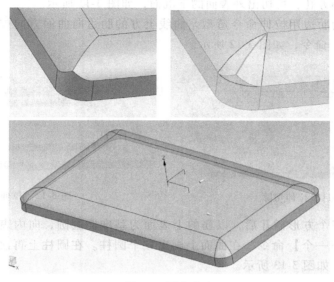，选取需要倒圆角的边线，设置半径和形状，单击【确定】按钮，得到外部形状，如图3-9所示。

图 3-9　圆角命令

因为底面圆角半径与侧面圆形斜面半径不同，故未使用扫掠功能造型。

3）单击【抽壳】 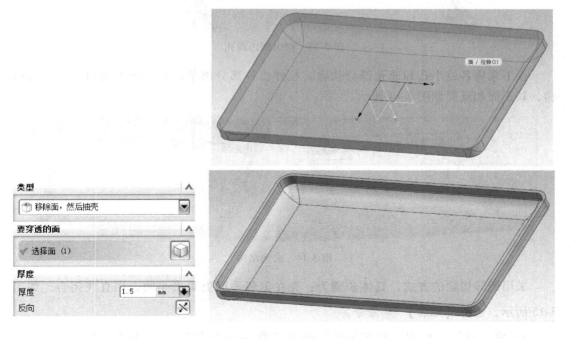按钮，类型选择"移除面，然后抽壳"，这里选择未造型的一面，即从该面抽壳，抽壳后形状由其他未被选择的面决定。设置厚度后单击【确定】按钮，得到如图3-10所示壳体。

图 3-10　抽壳命令

4）该零件结构复杂，但是所用到的命令较为简单，以"拉伸"和布尔运算和"求和/求差"命令为主，本例以先中间、后四周，先上表面、后下表面的顺序进行三维建模。先切出上表面中心方孔，再切出外表面的下沉面，如图 3-11 所示。

接着将邻近的肋边用拉伸命令造型，曲线上方的肋边向曲面方向拉伸时，结束处选择【直至下一个】命令，如图 3-12 所示。

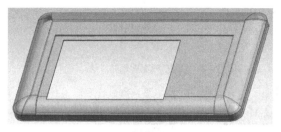

图 3-11　拉伸切除　　　　　　　　　　图 3-12　拉伸筋

切出侧面的三个方形插孔后，以筋的上表面为基准面画圆，向内表面方向拉伸，结束处选择【直至下一个】命令，在曲面上画出三个圆柱。在圆柱上再次拉伸切除，得到螺钉基座的结构，如图 3-13 所示。

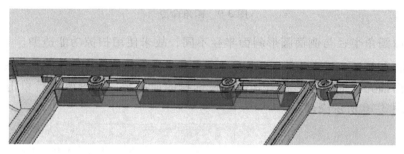

图 3-13　切出侧边圆孔

接下来将各处小孔和通孔部分切除，拉伸出各部分细节，并在外表面画一个曲面结构，其正面和反面如图 3-14 所示。

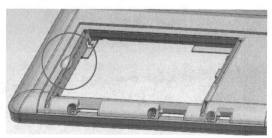 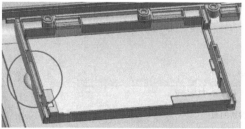

图 3-14　曲面结构

采用回转切除的方式，具体步骤为：先在紧邻平面上画出半圆，用直线闭合，如图 3-15 所示，选择【回转】 命令。

5）将"轴"一栏中"指定矢量"改为"曲线/轴矢量" ，并选取直线部分，设置该直线为旋转轴，如图 3-16 所示。

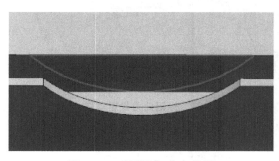

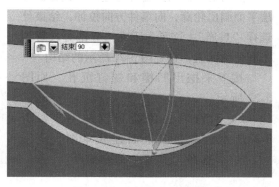

图 3-15　【回转】命令草图

图 3-16　选择指定旋转轴

6）在"截面"栏"选择曲线"中将两条线都选中，在"限制"一栏中设置旋转角度为 90°；"布尔"一栏选择"求和"，单击【确定】按钮，得到曲面实体，如图 3-17 所示。

图 3-17　从背面看到的曲面

同理，减小半径，"布尔"选择"求差"回转即可得到曲面，如图 3-18 所示。

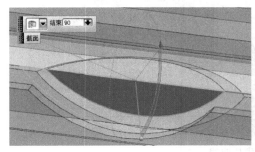

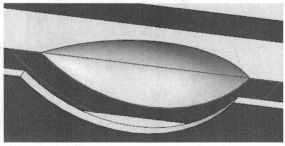

图 3-18　最终曲面结构

7）接下来继续完成内部造型，如图 3-19、图 3-20 所示。

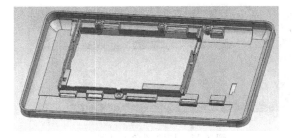

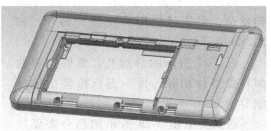

图 3-19　拉伸卡形插孔特征（反面）

图 3-20　拉伸卡形插孔特征（正面）

然后对外部的凸台部分建模，先在最外层平面画出轮廓，向零件方向拉伸，结束处选择"贯通"，这是由于在边界部分投影到了圆角球面上，得到图 3-21 所示的结构。

接下来挖出凹槽和螺钉沉孔，如图 3-22 所示。

8）对背面上侧肋板群造型，如图 3-23 所示，在相应平面建立草图，使用"拉伸"，选择"贯通"命令即可。

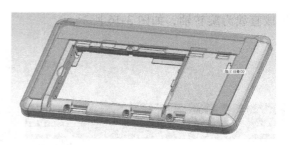

图 3-21　标记处为投影草图

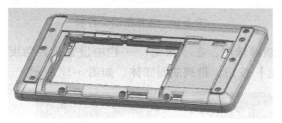

图 3-22　螺钉沉孔和凹槽

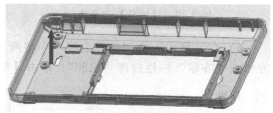

图 3-23　肋板造型

需要注意的是，完成图 3-23 左上方边缘处曲线部分无法直接用"贯通"命令投影到倒圆面上，因为曲线无法投影在倒圆角上。所以应改为连续分段直线，当曲线超出至壳体实体部分后再进行拉伸，如图 3-24 所示，超出部分在零件实体内，不影响零件造型。

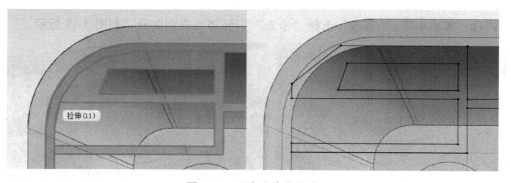

图 3-24　以直线代替曲线

9）接下来根据结构进行修改，各肋边构建完成，如图 3-25 所示。

对两侧结构进行造型，虽然看起来结构复杂，但依然使用"拉伸"命令，如图 3-26 所示。

图 3-27 所示的异形孔，需要先将曲面外壳整体切除，再一点点拉伸出特征细节。

遇到类似图 3-28 所示的凸台需要拉伸和倒圆角，先进行"拉伸-贯通"成型

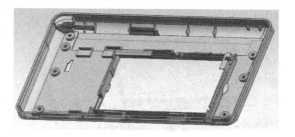

图 3-25　切除圆角处插孔

到零件，再对凸台倒圆角，避免先倒圆角后的曲线无法拉伸至边界的球面上。

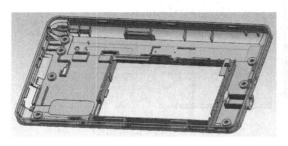

图 3-26 侧面孔及筋板结构

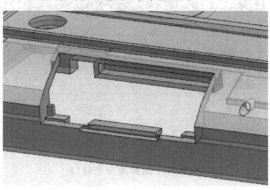

图 3-27 异形孔

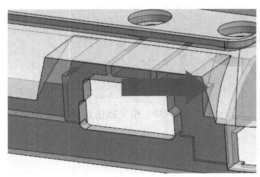

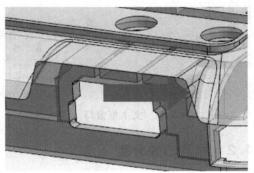

图 3-28 先拉伸后倒圆角

而另一面的凸台没有投影到球面上，结束处只需选【直至下一个】即可，如图3-29所示。

10）在不影响其他结构造型的情况下，在最后对零件需要倒角的部分一起倒角。单击【特征】→【倒斜角】命令，选择要倒角的边，设置距离即可，若倒角两侧距离不同，只需改变"横截面"选项设置即可，分别设置上下两边距离，如图3-30 所示，倒斜角后效果如图 3-31 所示。

11）输入文字。单击【插入】→【曲线】→【文本】，即可添加文字，文本框窗口如图 3-32 所示。计算好文字所处平面高度，设置文字坐标轴 Z 的高度，如图 3-33 所示。选中 X/Y 轴拖动文字到指定位置。完成草图后用"拉伸"命令制作凹刻或浮雕文字效果。此处要在零件内侧刻上零件的材料"PC+ABS"。

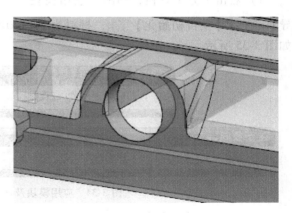

图 3-29 侧向凸台

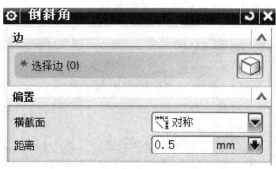

图 3-30　倒斜角命令窗口　　　　　　　　　图 3-31　倒斜角效果

图 3-32　文本框窗口　　　　　　　　　　图 3-33　用坐标值设置文字

3.1.2　模具三维分型

包括根据产品模型进行模具分型面的设计，确定型腔型芯，模具结构的详细设计，都对模具设计及制造具有指导意义，其步骤为：

1）右击上方工具栏，调出"应用模块"工具条，如图 3-34 所示，单击【注塑模向导】 ▓ →【项目初始化】 ▓ ，材料为 PC+ABS，收缩率设为 1.0045，初始化后的零件如图 3-35 所示。

图 3-34　应用模块及注射模向导工具条

2）单击【工件】 ▓ 按钮，考虑实际型芯型腔块的厚度和体积，设置开始距离为 −20mm，结束距离为 30mm，得到图 3-36 所示的工件。

3）检查区域补孔。

① 单击【模具分型工具】 ▓ →【检查区域】 ▓ →【计算】，开始检查模具并区分型腔和型芯的颜色，结果如图 3-37 所示。

材料　　　　　PC+ABS
收缩率　　　　1.0045
配置　　　　　Mold.V1

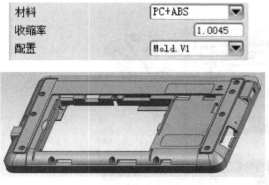

图 3-35　初始化后的零件

图 3-36　工件命令结果

② 单击【设置区域颜色】，区分型芯与型腔的颜色。初次得到的型腔中有未定义的面，需手动设置类别，单击"指派到区域"中的【选择区域面】，选择"型腔区域"，如图 3-38 所示，再单击零件上的未定义的圆角面，单击【应用】按钮，即可将未定义的圆角面划分到型腔区域，如图 3-39 所示。未定义的面必须全部定义。

全部定义后如图 3-40 所示。

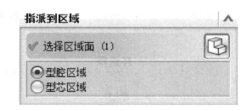

图 3-38　设置未定义的圆角面

图 3-37　检查区域命令窗口

图 3-39　划分到指定区域结果

③ 边缘修补。单击【边缘修补】，选择修补类型，如图 3-41 所示。由于已经定义过区域，用区域补片中的面修补可修复大部分孔，异形孔无法进行体修补或直接面修补，需要移刀修补。

a. 面修补：单击面修补按钮，选择需要修补的孔所在的平面，在状态栏中出现"环"，如图 3-42 所示，且目标孔被红线高亮表示，说明该孔已被选中，单击【应用】即可修补。注意：有时平面上会有多个孔，点取列表中的"环"可以确认。

b. 体修补：很少使用，直接选择实体即可修补所有的孔，但是异形孔无法修补。

c. 移刀修补：直接选择孔的边线修补的方法，多用于修补异形孔。异形孔无法一次性完成修补，需要分步修补。有一些面需要在检查区域之前分开，这样可便于检查区

图 3-40　设置区域颜色

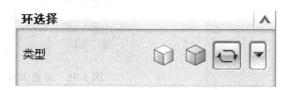

图 3-41　边缘修补类型

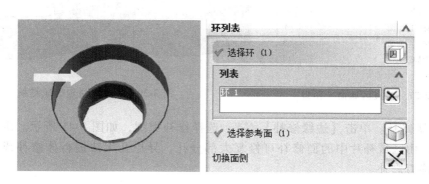

图 3-42　平面孔的修补

域时对型芯型腔面的划分。一些孔的环线在已经区分颜色的面交界处，可以勾选"按面的颜色遍历" ☑按面的颜色遍历 一键选择整条环线，如图 3-43 所示。

零件侧面有一个异形孔，虽然可以用移刀将整个边线都选中，但是无法执行修补命令，此时需要将曲面部分和平面部分分开修补，如图 3-44 所示。

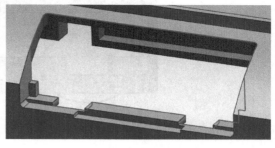

图 3-43 按颜色遍历容易选择复杂曲线 　　　　　图 3-44 异形孔

首先需要用"分割"命令将原有面分割，划分型芯型腔区域。单击【特征】→【分割面】，投影方向选"垂直于曲线平面"平面分割效果如图 3-45 所示。

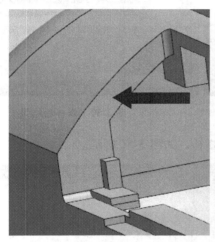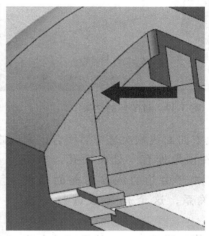

图 3-45 平面分割效果

再选择待分割的面，如图 3-46 所示，之后选择一个所处平面与待分割平面垂直，且交点在分割线上的两条直线，如图 3-47 所示，单击【应用】，完成切割。

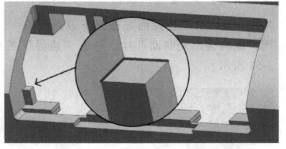

图 3-46 待分割面 　　　　　　　　　图 3-47 所选直线

4）补孔。

① 先用移刀命令选中图中两条型芯面与型腔面交界线，如图 3-48 所示，此时会提示是否桥接此缝隙，选择"是"，此时会自动连接。

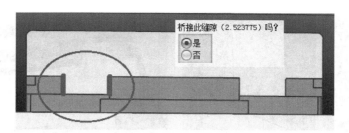

图 3-48　选择桥接

单击【闭环】 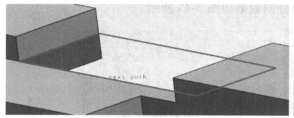 命令封闭环，单击【应用】，即可将该平面部分修补封闭环的结果如图 3-49 所示。同理将平面部分全部修补，如图 3-50 所示。

图 3-49　封闭环的结果

图 3-50　修补后结果

再将上方曲面线顺次选中后闭合，完成修补，如图 3-51 所示。

② 零件顶角处有一处曲面孔，如图 3-52 所示，由于旁边直线参与侧面凸台倒圆角的关系，这个孔无法进行一次补孔。

这里先修补平面补片，然后用扩大曲面补片的方法修补曲面孔，如图 3-53 所示。

a. 单击注射模向导工具条中的【注塑模工具】 按钮，找到"扩大曲面补片" 。在"选择面"选择下方外侧曲

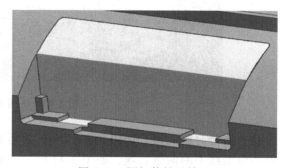

图 3-51　圈闭修补后结果

面，此时会出现曲面补片。单击"边界"栏中的选择对象，修改补片至合适大小，如图 3-54 所示。

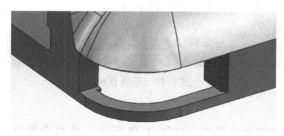

图 3-52　触屏笔插孔

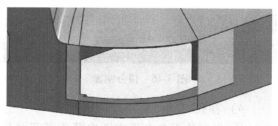

图 3-53　中间曲面用扩大曲面补片的方法修补

b. 接下来在区域中选择"保留"，在补片上单击我们要的部分，设置中勾选 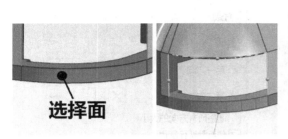 ✓ 作为曲面补片 复选框，单击应用即可完成修补，如图 3-55 所示。

选择面

图 3-54　补片区域选择

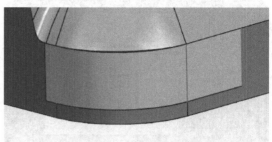

图 3-55　补孔后结果

全部补孔完成后的型腔区域和型芯区域如图 3-56、图 3-57 所示。

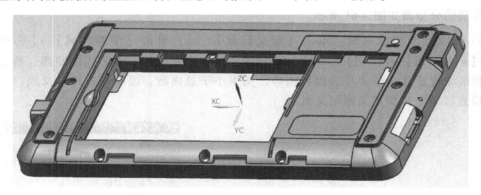

图 3-56　型腔区域

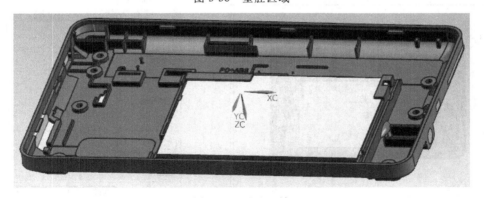

图 3-57　型芯区域

5）分型线和分型面的创建。

① 单击【设计分型面】 ➢ 按钮，弹出图 3-58 所示的编辑分型线对话框，选取零件下方最大轮廓线为分型线，单击延伸选项生成分型面。

② 选取外部最大轮廓线为分型线，

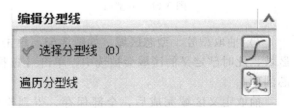

编辑分型线

✓ 选择分型线 (0)

遍历分型线

图 3-58　分型面边线选择

如图 3-59 所示。

　　如图 3-60 所示，选择"创建分型面"，修改分型面大小。

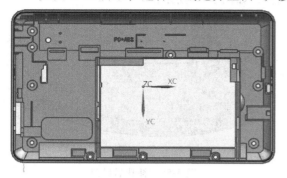

图 3-59　选择最大轮廓线

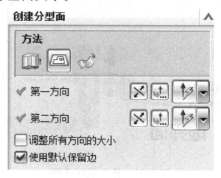

图 3-60　分型面生成方式

　　得到的分型面如图 3-61 所示。

　　6）定义型腔型芯区域。单击【定义区域】 ，单击【型腔区域】→【选择区域面】→【创建区域】→【应用】，如图 3-62 所示。定义型腔区域、型芯区域同理。型芯区域和型腔区域数量总和必须与总面数相等，如果小于总面数，说明还有未定义面，需要返回"检查区域"步骤定义未定义面。

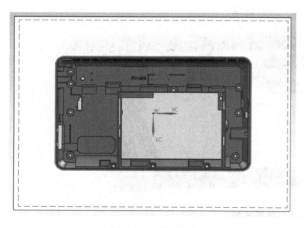

图 3-61　分型面

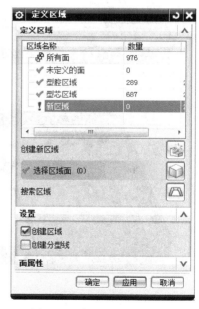

图 3-62　定义区域命令窗口

　　7）抽取型腔、型芯区域。如图 3-63，单击【定义型腔和型芯】 按钮，选择型腔区域，此时已定义的区域会被选中，单击【选择片体】→【应用】即可完成型腔定义，型芯同理。

　　抽取定义区域完成后，全部保存，得到模具型芯镶块和型腔镶块，分别如图 3-64、图 3-65 所示。

图 3-63　抽取型腔、型芯步骤窗口

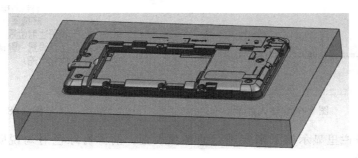

图 3-64　型芯

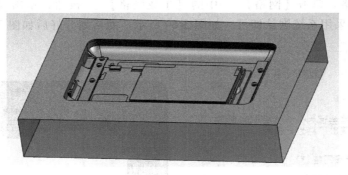

图 3-65　型腔

3.1.3　模流分析

用于实际开模前对零件成品可能存在的缺陷进行模拟分析，降低模具开发过程中的成本，也有助于分析已有零件在成型过程中出现问题的原因，改善零件质量，其分析过程如下。

1. 有限元模型的建立

1）单击【新建工程】 按钮创建新工程，如图 3-66 所示。

图 3-66　创建新工程

单击【导入】 按钮将刚画好的壳体零件 abc. prt 导入工程。导入时设置为双层面，其他采用系统默认即可，如图 3-67 所示。导入后结果任务栏如图 3-68 所示。

图 3-67　导入界面 　　　　　　　　　　　　图 3-68　任务栏

左侧的任务栏里显示接下来要进行的各项设置，前方有绿色对勾说明该项已经设置过或为默认设置。

2）划分网格。单击【网格】 中的【生成网格】 按钮，单击【立即划分网格】按钮，其他选项采用系统默认即可，如图 3-69 所示。网格划分好后如图 3-70 所示。

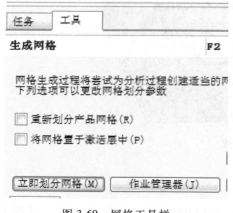

图 3-69　网格工具栏

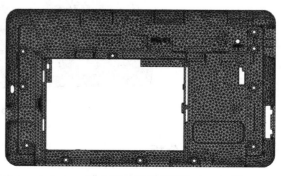

图 3-70　划分的网格

3）接下来单击【网格统计】，即可在下方日志栏中查看当前网格状态。其中连通区域的值须为1，自由边和多重边的个数必须为0，匹配百分比最好高于85%，但是网格数过多影响运算速度，可根据实际需要调节网格边长大小，网格统计结果如图3-71所示。

```
三角形
-------------------------------------------
实体计数：
    三角形                        31946
    已连接的节点                  15905
    连通区域                      1

面积：
(不包括模具镶块和冷却管道)
    表面面积：    234.962 cm^2

按单元类型统计的体积：
    三角形：    10.6421 cm^3

纵横比：
    最大          平均          最小
    32.72         2.22          1.16

边细节：
    自由边                        0
    共用边                        47919
    多重边                        0

取向细节：
    配向不正确的单元              0

交叉点细节：
    相交单元                      0
    完全重叠单元                  0

匹配百分比：
    匹配百分比                    91.0%
    相互百分比                    92.3%
```

图 3-71　网格统计

4）选择"分析序列"，选择要模拟分析哪方面数据，这里选"填充"即可，单

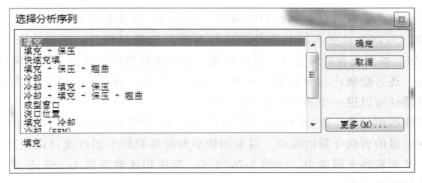

图 3-72　分析序列对话框

击【确定】按钮，如图 3-72 所示。

5）选择材料：单击"选择材料"  按钮，如图 3-73 所示，进入后单击【搜索】按钮，根据所需材料的成分、名称、填充物的细节搜索，在弹出的搜索结果中在搜索字段处选择筛选类型，如按照材料名称缩写填入子字符串"PC+ABS"，出现图 3-74 所示的材料信息。

图 3-73　材料搜索

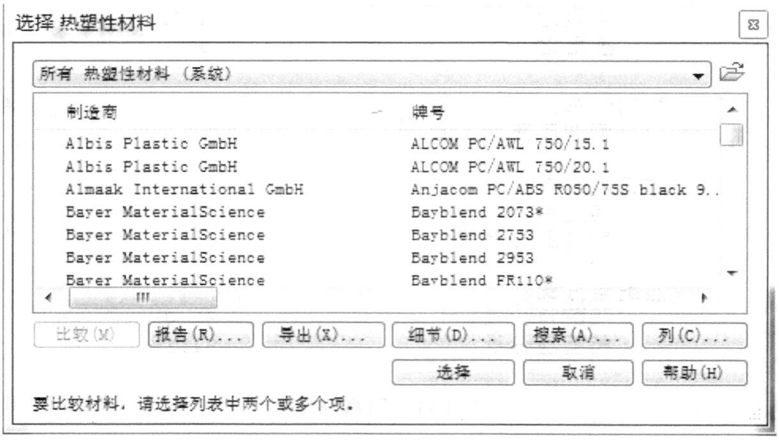

图 3-74　材料选择

在此搜索结果中，可以看到材料的牌号、制造商、填充物等信息，选中一种材料后单击"细节"可以查看更多材料属性，进行查看并选择材料后，回到上级菜单，单击【确定】按钮。如需查看材料属性，可以直接获得如推荐模温、料温、机械属性、填充物属性等信息，还可绘制出材料的流变曲线、PVT 曲线等，分别如图 3-75、图 3-76 所示。根据材料的属性可以进一步确定模流分析的优化方案。

由流变曲线图可知，该 PC+ABS 材料的黏度受温度影响较小，而对剪切速率比较敏感，即存在明显的剪切变稀的现象，可采用较小的壁厚和较小的点浇口以提高剪切速率，降低黏度，从而提高充模能力。由图 3-76 可知，其体积比容值较小，是适合于成型精度较高的电子辞典外壳的。

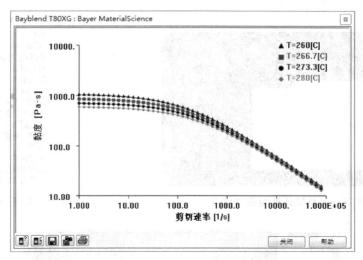

图 3-75 材料的流变曲线

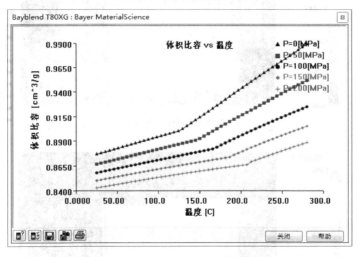

图 3-76 材料的 PVT 曲线

6）设置浇口位置：单击【注射位置】按钮，此时鼠标指针变为十字形并伴有圆锥形浇口标志，单击零件表面即可设置浇口位置，注意零件表面要求和结构合理性，设置在适当位置，如图 3-77 所示。

7）开始分析：单击【开始分析】即可进行分析，得出结果。

2. 填充分析

（1）结果分析 分析结果会在左侧任务栏处显示，单击每个结果选项即可查看该项计算结果，如图 3-78 所示。

（2）填充时间 单击"填充时间"时，即可看到零件各部分填充所需时间，填充时间的长短与注射过程中的保压、冷却和经济效益等密切相关，如图 3-79 所示。

（3）填充区域 当单击"填充区域"时，即可看到零件填充情况，流入的浇口不同，对应区域颜色不同。灰色区域（彩色图中）为未填充区域，说明零件未注满，产生缺陷，此时需要检查该区域零件壁厚、注射压力、浇口位置等，如图 3-80 所示。

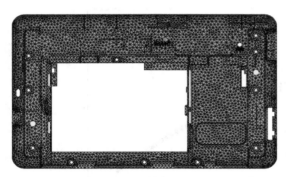

图 3-77　黄色锥体处为浇口位置

图 3-78　结果在任务栏中

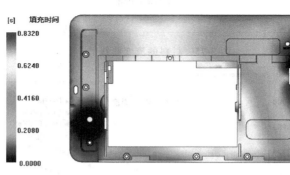

图 3-79　填充时间

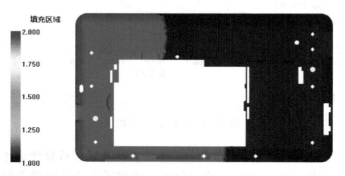

图 3-80　填充区域

（4）速度/压力切换时的压力　即注射机由速度模式切换至压力模式，进入保压阶段时的压力，由左侧可以读取最大注射压力，其中灰色区域为填充阶段未充满区域，该区域须在保压阶段才可充满。模腔最大压力值在不加浇注系统的情况下应不高于 70MPa，图 3-81 所示的注射压力，塑件孔的右侧部分压力变化较大，可能产生翘曲，应检查该处零件壁厚，浇口数量等。

（5）总体温度　单击"总体温度"即可查看零件充满后的整体温度，如图 3-82 所示，温度不均同样会引起翘曲。

（6）气穴　单击"气穴"即可查看可能产生气孔的区域，设计注射模时尽可能多地让易产生气孔部位处于分型面，有利于排气；非分型面位置应有通气装置，如在非工作

图 3-81　速度/压力切换时的压力

图 3-82　总体温度

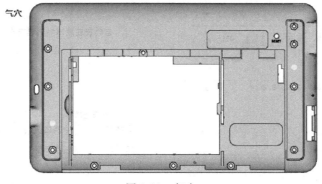

图 3-83　气穴

面设置气孔，不影响零件使用时可以忽略，如手机壳内侧，不影响结构强度和美观性。

3. 流动分析

（1）流道/冷却水道设置　当基本填充模拟结束后，就需要设置浇注系统和冷却水道进一步分析。设置流道，浇口必须在"分析序列"中选择有"保压"的选项；设置冷却水道必须在"分析序列"中选择有"冷却"的选项，此时任务栏中会多出【冷却回路】和【冷却液入口/出口】按钮。

（2）自动设置管路　简单零件可以用软件自带的流道和冷却水道命令来设置。单击【几何】按钮，即可看到"流道系统"和"冷却回路"按钮，此方法铺设的管路较为简单，这里不做过多介绍，按照命令中的提示操作即可。

（3）**手动设置管路** 对于复杂零件，需要手动铺设管路来满足零件要求。

首先在左下方图层管理器中新建图层 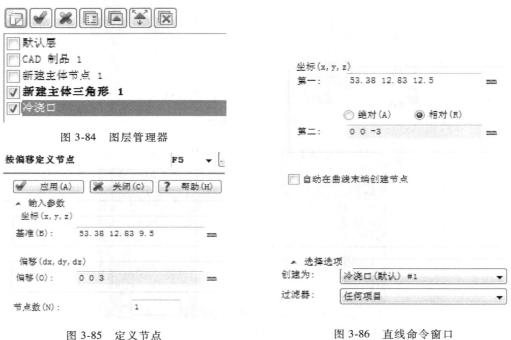（图层管理器可由【查看】→【用户界面】→【层】开启）。激活图层，并使该图层处于被选择状态。此时作图，全部都画到此图层内。将此图层命名为"冷浇口"，如图 3-84 所示。

1）单击【几何】 按钮，找到【节点】 按钮，单击"按偏移定义节点"。用鼠标单击零件上冷浇口位置，设为基准坐标，之后在偏移栏中输入"０ ０ ３"，如图 3-85 所示。即沿 Z 轴正方向平移 3mm 画出节点，节点数为 1，单击【应用】按钮得到节点。

2）接着使用【曲线】 命令，选择创建直线。将上一个所画节点设置为第一坐标（起始坐标），第二坐标（结束坐标）选取"相对"，在图 3-86 所示窗口中输入"０ ０ -3"，即第一坐标 Z 轴负方向（零件方向）3mm 处的点，并取消"自动在曲线末端创建节点"勾选，避免出现多余节点使计算失败。

图 3-84　图层管理器

图 3-85　定义节点

图 3-86　直线命令窗口

接下来设置直线属性，在"选择"选项处单击"更多" 按钮，找到冷浇口 [1]，单击【编辑】设置形状为锥体，如图 3-87 所示。

可进一步编辑浇口尺寸，如定义浇口始端直径为 4mm，末端直径为 1mm，单击【应用】后得到节点和冷浇口直线。同理画出另一处冷浇口的节点和直

图 3-87　"更多"选项窗口

线，如图 3-88 所示。

由于浇口、分流道、主流道划分网格时网格尺寸不同，需将直线放到不同的层中。新建一个图层，将直线选中，然后选中目标图层，再单击【指定层】 ▣ 图标，就将直线从原有图层转移到了目标图层中，可以通过激活或隐藏图层来确认直线是否转移成功。

3）同理，画出主流道、一次分流道和二次分流道，将不同的流道设置在不同的图层，这样便于各部分网格边长不同时的划分。

图 3-88　蓝色细线为浇口直线

4）接下来对直线区域的冷浇口进行划分网格，将其他图层隐藏。单击【生成网格】，根据需要设置网格边长，如此处全局网格边长为 1mm，单击"预览"选项查看网格划分是否合理，确定后单击【应用】按钮，得到冷浇口柱体单元，如图 3-89 所示。此时会得到新的节点图层和柱体图层。

图 3-89　浇口柱体

二次分流道：在冷浇口上方 40mm 处画节点，向冷浇口方向画出二次分流道直线，属性设置为：形状——锥体；始端直径——$\phi6$mm；末端直径——$\phi4$mm。设置完成后划分网格。

一次分流道：在二次分流道上方节点所在高度，于零件的中心坐标处（见图 3-90）画一节点。

从该节点向两侧二次分流道方向画出直线，属性设置为：形状——非锥体；直径——$\phi6$mm。完成后划分网格。主流道：在中心节点上方 40mm 处画出一节点，从该节点向一次分流道方向画出直线，属性设置为：形状——锥体；始端直径——$\phi4$mm；末端直径——$\phi6$mm。完成后划分网格。完成后浇注系统如图 3-91~图 3-93 所示。

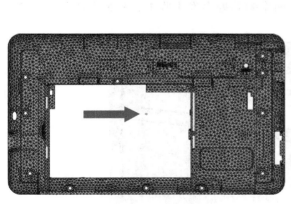

图 3-90　零件中心点

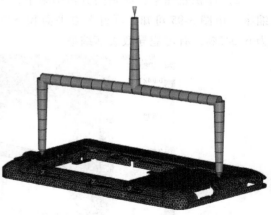

图 3-91　浇注系统立体图

（4）流动分析　设置好流道系统后，将浇口位置设在主流道上方，分析序列处选择"填充+保压"，开始分析。

分析结果如下：

1）速度/压力切换时的压力：相比于填充分析，添加了浇注系统后，注射压力由71.MPa增加至98.25MPa，大部分注射机都可以满足要求，如图3-94所示。

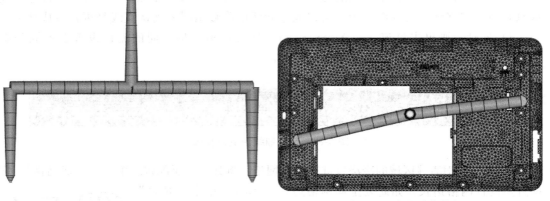

图 3-92　浇注系统主视图　　　　　图 3-93　浇注系统俯视图

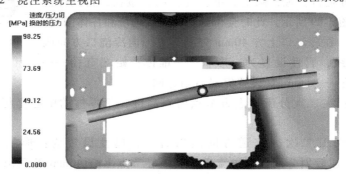

图 3-94　速度/压力切换时的压力

2）体积收缩率：在新的分析结果中，可以看到零件的体积收缩率和顶出时的体积收缩率。由图3-95可知，零件上方平面和下方两个侧孔处会发生收缩，其最大体积收缩率为6.042%，有可能导致表面缩痕。

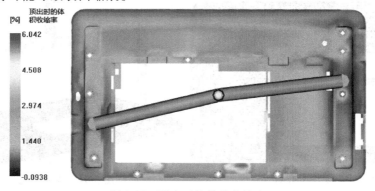

图 3-95　顶出时的体积收缩率

4. 冷却分析及优化

（1）设置冷却水道　设置冷却水道的方法与浇注系统的方法相同，将直线属性设置为冷却水道即可。需要注意的是冷却分析对网格划分要求较高，冷却水道的长径比（每节长度/直径）不能超过6，否则会造成分析失败，也不能与浇注系统的设置冲突。冷却水道与浇注系统距离不能太近，避免浇注系统热损失。

1）在已有浇注系统的基础上，继续创建图3-96所示的冷却水道。

2）设置冷却液入口：单击【冷却液入口/出口】 按钮，再单击冷却水道起始处截面，设置冷却液入口，如图3-97所示。

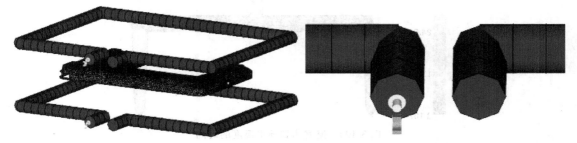

图3-96 冷却水道　　　　　　　　　图3-97 冷却液入口

设置冷却液入口属性，冷却介质为水，入口温度为25℃，如图3-98所示。

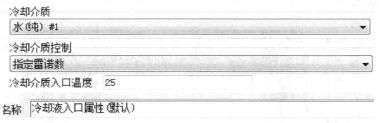

图3-98 冷却液入口属性窗口

3）将分析序列改为"冷却+填充+保压"，开始分析。

（2）冷却分析

1）冷却时间：单击"达到顶出温度的时间，零件"，即可得到零件的冷却时间，如图3-99所示。塑件的冷却较快，在9.1s即可到达顶出时间。

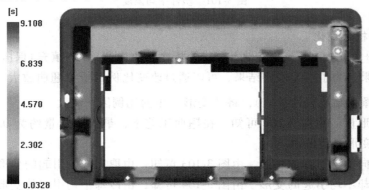

图3-99 零件达到顶出温度的时间

2）成型周期：将流道系统图层激活，单击"达到顶出温度的时间，流道"即可得到成型周期。一般情况下，浇注系统整体冷却至整体的60%即可顶出，由于此处未在浇注系统处加冷却系统，所以流道的冷却时间较长，如图 3-100 所示。可适当减小分流道的尺寸，并增加冷却，以缩短整个成型周期。

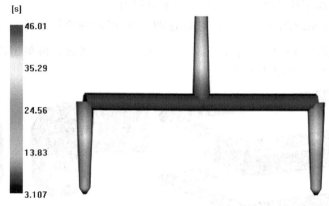

图 3-100　流道达到顶出温度的时间

3）塑件温度：单击"平均温度，零件"可以查看零件整体温度，由图 3-101 可知，该零件整体温差较小。

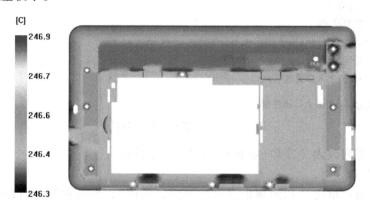

图 3-101　塑件平均温度

5. 翘曲分析及优化

在"冷却+填充+保压"的基础上，将分析序列改为"冷却+填充+保压+翘曲"，继续分析，得到结果。为了便于观察结果，可以通过改变比例因子将翘曲放大：单击"结果"工具栏，选择"结果属性"，将"变形"中的比例因子调大。

（1）总变形量　由图 3-102 可知，在翘曲工艺下，最大翘曲量约为 0.620mm，在该塑件属于许可变形量范围内。

（2）由取向因素引起的变形　由图 3-103 可知，由取向效应引起的变形量很小。

（3）由冷却不均引起的变形　由图 3-104 可知，由冷却不均引起的变形量很小。

（4）由收缩不均引起的变形　由以上分析可知，相比取向效应和冷却不均，收缩不均引起的翘曲量更大，接近于总体变形量，如图 3-105 所示。塑件在 X、Y、Z 三个方向上由于收缩不均匀引起的变形分别如图 3-106～图 3-108 所示。

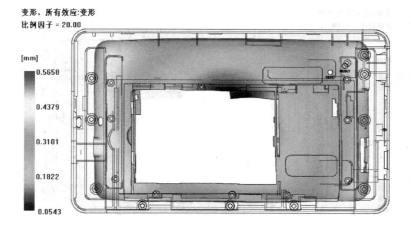

图 3-102　总变形量

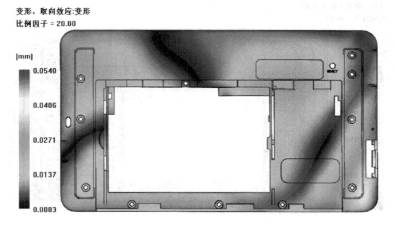

图 3-103　取向效应变形量

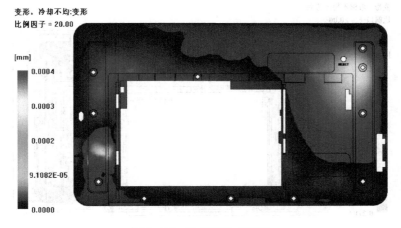

图 3-104　冷却不均变形量

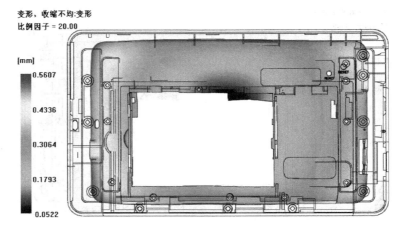

图 3-105　收缩不均变形量

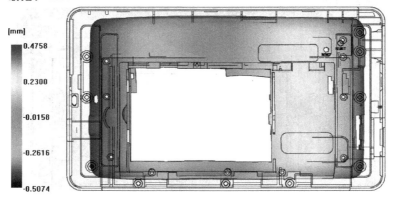

图 3-106　X 方向翘曲

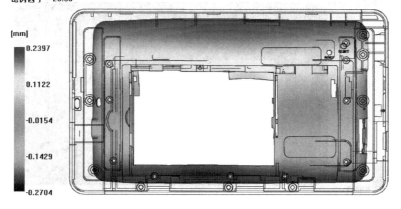

图 3-107　Y 方向翘曲

图 3-108　Z 方向翘曲

由图 3-106~图 3-108 可知，该零件在 X 方向和 Y 方向上呈线性收缩，翘曲量较小，而 Z 方向上受冷却和零件结构影响，则是非线性收缩，总体翘曲量较大。该塑件在 Z 方向的最大翘曲约为 0.3mm，满足使用要求。

收缩不均引起的翘曲变形量较大，需优化工艺参数，如优化保压曲线或改变浇口位置，重新分析。

3.2　手机曲面前盖板注射成型

该手机曲面前盖板（见图 3-109）尺寸较小，但塑件结构较复杂，有曲面、台阶孔、加强筋及槽等特征，由于塑件外壳部分厚度一致，其三维建模和分型以及注射成型仿真的方法与前面电子辞典外壳有明显不同。

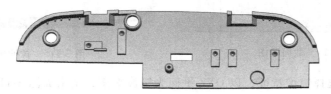

图 3-109　手机曲面前盖板

3.2.1　三维建模

由于塑件外壳部分厚度一致，故采用先建立曲面，拉伸实体，建立凹槽后再抽壳来得到外壳。台阶孔、凸台及卡扣均可采用拉伸命令来得到，加强筋采用阵列命令来得到，对称的特征可采用镜像命令来得到，以下是详细步骤。

（1）建立曲面

1）选择【插入】→【草图】，以 OYZ 平面为基准平面创建草图环境，按照曲面形状绘制曲线（A 步骤）。再选择【插入】→【草图】，选择基于路径，在 A 步骤中创建的曲线末端创建平行于 OXZ 平面的基准平面并绘制第二条曲线（B 步骤），得到如图 3-110 所示曲线。

2）以 B 步骤创建的曲线为截面，A 步骤创建的曲线为引导线扫掠，可得到图 3-111 所示曲面。

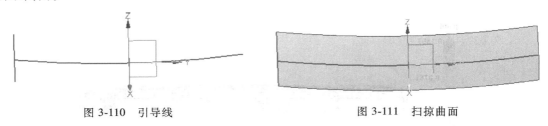

图 3-110　引导线　　　　　　　　　　　　　　图 3-111　扫掠曲面

（2）拉伸实体

1）选择按某一距离创建基准平面，距离为 5mm。在 A 中创建的基准平面上创建塑件的外形，如图 3-112 所示。

2）选择拉伸命令，以 B 中草图为截面曲线，开始为距离 0，结束为"直至选定对象"，选定图 3-111 中创建的曲面，结果如图 3-113 所示实体。

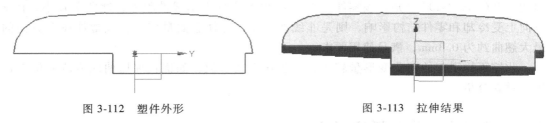

图 3-112　塑件外形　　　　　　　　　　　　　图 3-113　拉伸结果

（3）凹槽　选择拉伸命令，绘制如图 3-114 所示截面，完成拉伸命令得到如图 3-115 所示特征。

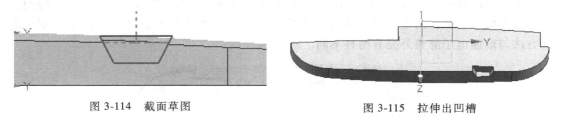

图 3-114　截面草图　　　　　　　　　　　　　图 3-115　拉伸出凹槽

（4）镜像　选择镜像特征，以 OXZ 平面为镜像平面，结果如图 3-116 所示。

（5）抽壳　选择抽壳命令，选择如图 3-117 所示 6 个面，厚度为 0.85mm，结果如图 3-118 所示。

图 3-116　镜像凹槽　　　　　　　　　　　　　图 3-117　抽壳选取面

（6）凸台　选择拉伸命令，在 OXY 平面上绘制草图，开始为"直至选定对象"，选择选定图 3-111 中创建的曲面，结束为距离 2mm。结果如图 3-119 所示。

图 3-118　抽壳结果

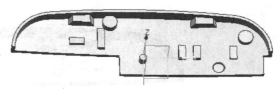

图 3-119　凸台效果

（7）打孔　选择拉伸命令，步骤同（3），布尔运算选择求差，得到如图 3-120 所示结果。

（8）筋板　选择筋板命令，绘制截面曲线，并设置参数，如图 3-121 所示，结果如图 3-122 所示。

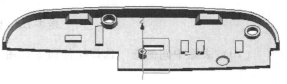

图 3-120　打孔效果

图 3-121　筋板命令草图及参数

（9）阵列　选择阵列特征命令，参考点如图 3-123 所示，设置如图 3-124 所示，用同样办法阵列出右侧的特征，结果如图 3-125 所示。

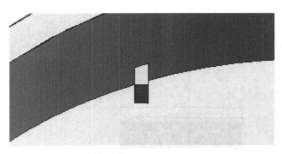

图 3-122　筋板效果

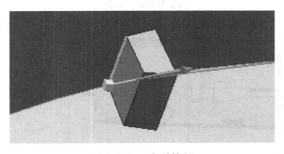

图 3-123　阵列特征

图 3-124　阵列参数

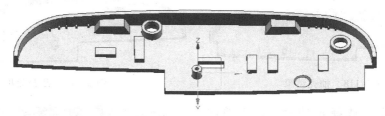

图 3-125　阵列效果

（10）去除中间侧壁　选择拉伸命令，用"布尔"→"求差"得到图 3-126 所示结果。

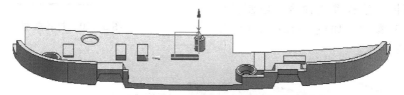

图 3-126　去除中间侧壁

（11）卡扣　选择拉伸命令，绘制如图 3-127 所示草图，拉伸得到图 3-128 所示结果，多次使用拉伸命令，结果如图 3-129 所示。

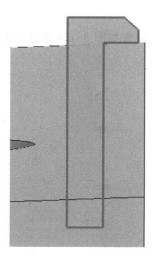

图 3-127　卡扣草图

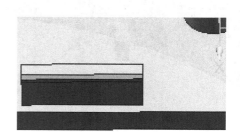

图 3-128　卡扣

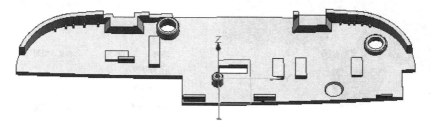

图 3-129　卡扣效果图

（12）锥孔　在距离OXY平面1.3mm处建立基准平面，使用拉伸命令，绘制图3-130所示的截面，拉伸参数设置如图3-131所示，结果如图3-132所示。

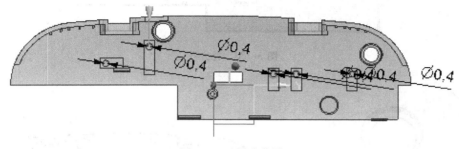

图3-130　锥孔草图

图3-131　锥体参数

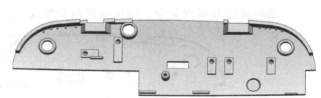

图3-132　锥孔效果

3.2.2　模具三维分型

三维分型就是利用已经建好的模型在长方体中切割出一个腔体，得到模具的三维模型。其中分型面的创建是最重要的部分，一般选择塑件边缘的相连曲线作为分型线，然后在分型线的各段创建引导线，再使用拉伸或扫掠在两条引导线间创建分型面，确认无误后将片体缝合为一个整体，然后通过定义型腔型芯的方法来得到凸凹模。使用UG注射模向导，选择【启动】→【所有应用模块】→【注射模向导】，对塑件进行分型。

1．初始化项目

此步骤定义零件的材料和收缩率。定义模具CSYS，更改坐标轴的方向使Z轴指向型腔方向，否则会导致分型不成功。

2．插入工件

插入工件完全包裹零件，一般默认即可。

3．补片

1）选择"曲面补片"，"类型"选择"面"，选择图3-111所示曲面，按住【Shift】键取消选择其他孔，得到如图3-133所示的结果。

2）类型选择移刀，按图3-134所示补片。完成补片后如图3-135所示。

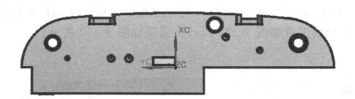

图 3-133　补方孔

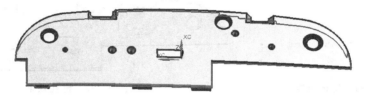

图 3-134　补圆孔　　　　　　　　　　　　图 3-135　补孔后效果

4. 设计分型面

1）选择设计分型面命令，用鼠标选取分型线，点选如图 3-136 所示分型线。

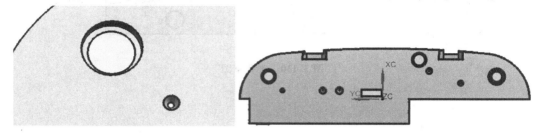

图 3-136　选择最大轮廓线

2）选择编辑引导线，添加如图 3-137 所示引导线。

3）依次选择各段分型线，采用拉伸和扫掠可得到相应的分型面，需要注意的是在图 3-138的左右两边呈 90°夹角的地方由于曲面的影响需要采用引导式延伸命令来得到相应的分型面。

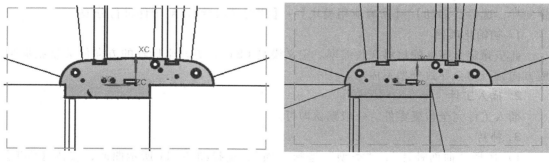

图 3-137　添加引导线　　　　　　　　　　图 3-138　生成分型面

4）选择缝合命令，以其中一个面为目标体，其余为工具体，将所有分型面缝合为一个片体。

5. 定义区域

选择定义区域命令，选中"型腔区域"，勾选创建区域，选择搜索区域，在型腔区域内任选一个面作为种子面，同理创建型芯区域。注意型腔和型芯区域的数量之和必须等于所有面的数量，如图 3-139 所示。

6. 定义型腔和型芯

选择定义型腔和型芯命令，单击【应用】按钮，法向反向，单击【确定】。得到型腔（图 3-140）和型芯（图 3-141）。

定义区域		
区域名称	数量	图层
所有面	204	
未定义的面	0	
型腔区域	38	28
型芯区域	166	27
新区域	0	29

图 3-139　定义区域

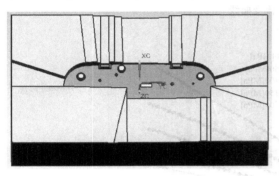

图 3-140　型腔区域

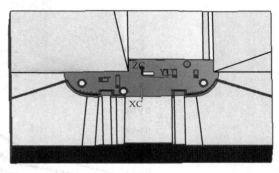

图 3-141　型芯区域

在分型过程中注意 Z 轴的指向，创建分型面时需注意勿重复创建分型面，否则会导致分型失败。灵活应用拉伸和扫掠来创建分型面，引导式延伸命令在该分型过程的直角部分有很好的效果。

3.2.3　模流分析

1. CAE 模型

（1）材料选择　因有较高的精度要求和装配要求，此零件选择易加工、制品尺寸稳定、表面光泽性好的 PC+ABS 材料，这里选择 Daicel Chemical Industry Ltd 公司 Novalloy S 3100 牌号无填充物的 PC+ABS 材料，图 3-142 所示为其黏度-剪切速率曲线，即流变曲线，图 3-143 所示为其 PVT 曲线。

由流变曲线图可知，该 PC+ABS 对温度较为敏感，同时也存在一定的剪切变稀的现象；由材料的 PVT 图可知，该 PC+ABS 的比体积稍大一些，但总体受压力增加，其比体积减小不太明显，说明零件产生缩痕的可能性较小。

（2）网格划分　将 UG 中完成的模型导出为 stl 文件，导入 moldflow 中进行网格划分，网格统计信息如图 3-144 所示。

对网格进行自由边、相交单元和纵横比诊断并修复，可以得到如图 3-145 所示的网格统计。

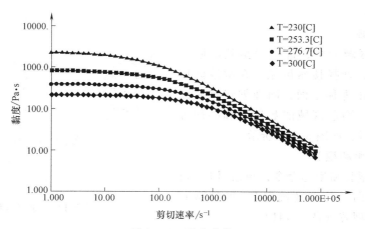

图 3-142　流变曲线

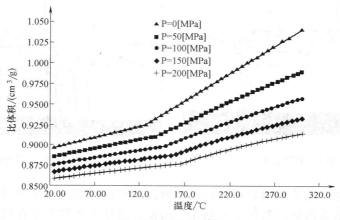

图 3-143　PVT 曲线

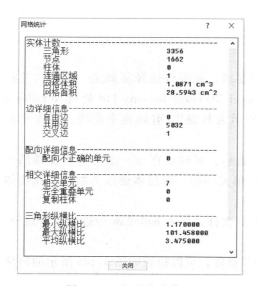

图 3-144　网格统计信息

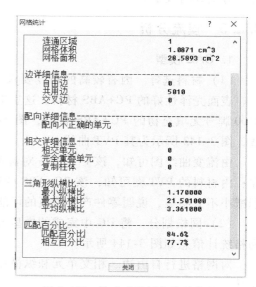

图 3-145　修改后的网格统计信息

2. 浇口数量及位置分析（无浇注系统）

由于塑件尺寸较小，虽是表面件，对表面质量要求较高，但点浇口对表面质量影响较小，侧面也可添加浇口。故分别采用一个、两个点浇口和一个侧浇口来进行分析。

（1）充填时间分析 由图 3-146 分析可知，三张图充填时间几乎一样，两个点浇口并无优势。同时三种方案均能填满塑件，但由等值线图可知，一个点浇口和侧浇口的等值线更均匀，两个浇口的在塑件中部可能会产生较明显的熔接痕。

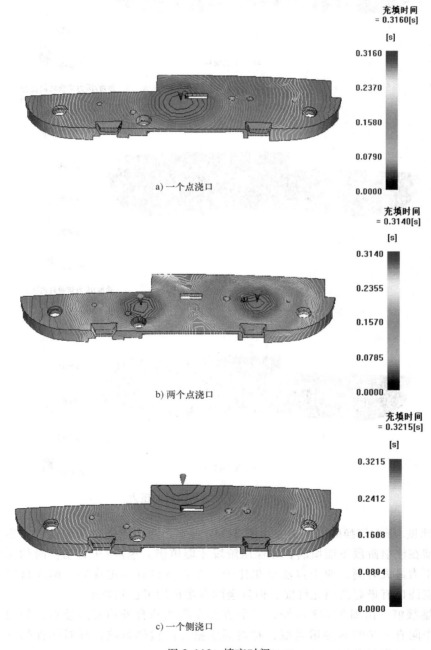

图 3-146 填充时间

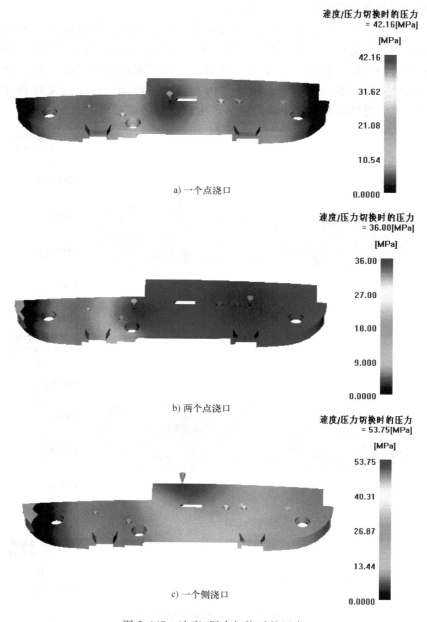

速度/压力切换时的压力
= 42.16[MPa]

[MPa]

42.16

31.62

21.08

10.54

0.0000

a) 一个点浇口

速度/压力切换时的压力
= 36.00[MPa]

[MPa]

36.00

27.00

18.00

9.000

0.0000

b) 两个点浇口

速度/压力切换时的压力
= 53.75[MPa]

[MPa]

53.75

40.31

26.87

13.44

0.0000

c) 一个侧浇口

图 3-147　速度/压力切换时的压力

（2）速度/压力切换时的压力　由图 3-147 可知，两个点浇口和侧浇口方案图中有灰色部分，即在注射阶段不能填满，在保压阶段才能填满。速度/压力切换时的压力为整个注塑阶段压力最大时刻，两个点浇口相比于一个点浇口有一定优势，侧浇口所需压力最大。一个点浇口有最好的填充性能，但其余两方案也均可达到要求。

（3）熔接痕　由图 3-148 可知，三个方案在孔和凸台处均有熔接痕，但两个浇口方案在塑件中间有一条明显的熔接痕，对表面质量有严重的影响，且对塑件的强度有较大的影响。一个点浇口和侧浇口方案熔接痕相近。

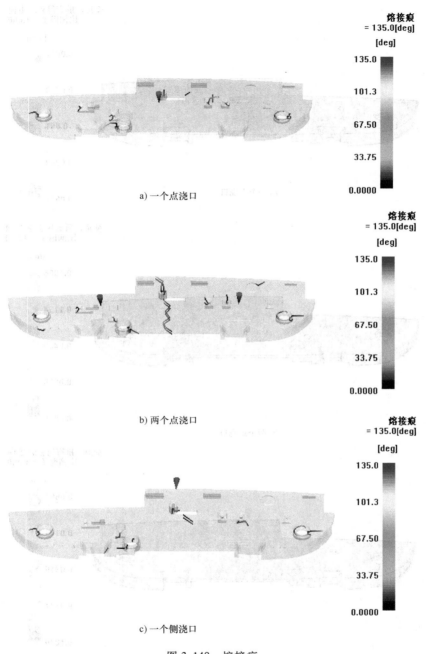

a) 一个点浇口

b) 两个点浇口

c) 一个侧浇口

图 3-148 熔接痕

（4）Z 方向变形量 由图 3-149 可知，在翘曲工艺下，得到的翘曲值，在一个点浇口 Z 方向的变形量为 0.12mm，两个点浇口 Z 方向的变形量为 0.27mm，侧浇口 Z 方向的变形量为 0.18mm，均有较小的变形量。

（5）浇口选择结论 由上述分析可知，一个点浇口的方案在填充性能、表面质量和变形量控制等方面有明显的优势。故选用一个点浇口的方案。

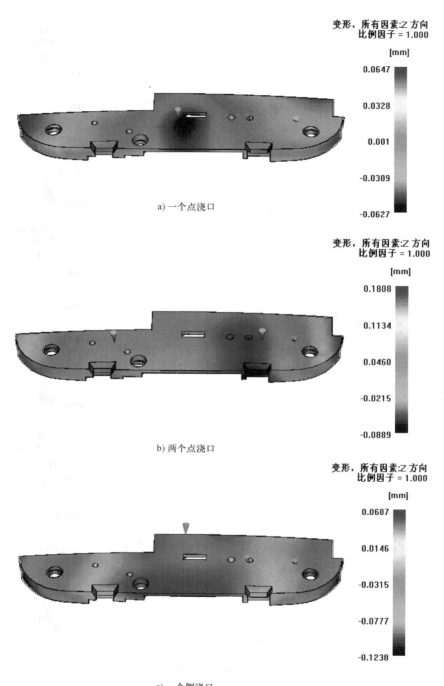

a) 一个点浇口

b) 两个点浇口

c) 一个侧浇口

图 3-149 Z 方向的变形

3. 浇口数量及位置分析（有浇注系统）

（1）充填时间　如图 3-150 所示，加上浇注系统后，充填时间无明显增加，能够顺利充满。

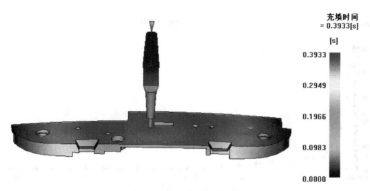

图 3-150 填充时间

（2）速度/压力切换时的压力 加上浇注系统后，速度/压力切换时的压力较无浇注系统时有所增加，如图 3-151 所示，是因为考虑到表面质量，适当地减小了点浇口的尺寸。此时压力也完全可以满足要求。

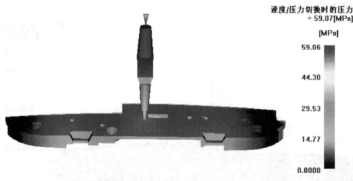

图 3-151 速度/压力切换时的压力

（3）缩痕指数 由图 3-152 可以看到，此塑件成型时最大缩痕指数均产生在凸台圆孔处，可能是由于设计时参数不合理或者是由于在建模中不能准确测量数据。

图 3-152 缩痕指数

（4）锁模力：XY 由图 3-153 可知，锁模力最大为 2.5tf（1tf＝9800N），完全可以满足要求。

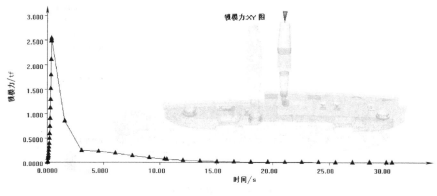

图 3-153　锁模力：XY

（5）X、Y 方向变形量　由图 3-154 可知，在翘曲工艺下，得到的翘曲值在 X 方向变形量较小，为 0.21mm，Y 方向的变形较大，为 0.61mm，但成型时可以通过缩放型腔来减小 X、Y 方向的变形量。

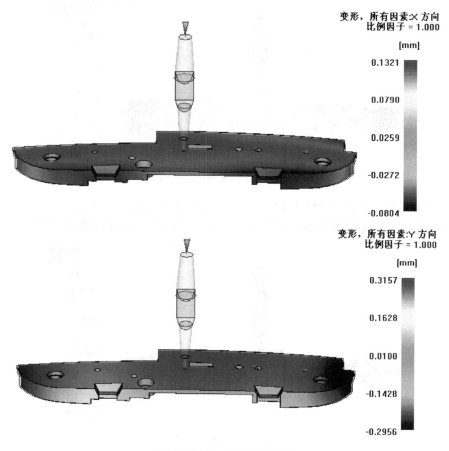

图 3-154　X、Y 方向变形量

（6）Z 方向变形量　由图 3-155 可知，Z 方向的变形量为 0.15mm，为较小的变形量，有较好的成型性能。

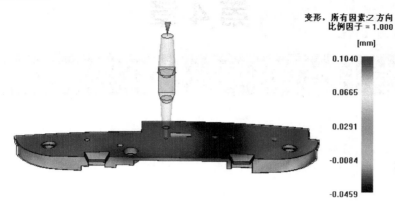

图 3-155 Z 方向变形量

表 3-1 最佳方案分析结果

项目	数值
充填时间	0.39s
速度/压力切换	59MPa
缩痕指数	3.3%
锁模力	2.5tf
X 方向变形量	0.21mm
Y 方向变形量	0.61mm
Z 方向变形量	0.15mm

由表 3-1 可知，最终塑件的成型性能较好，对设备要求较低，在表面质量、变形量等均有较好表现，能很好地满足使用要求。但在 CAE 分析过程中浇注系统还有优化的空间，不同的 PC+ABS 材料也会对分析结果产生较大的影响。

第4章

材料微成形模拟仿真创新实践

4.1 概述

4.1.1 引言

近年来随着制造业微型化的不断发展，微细零件的成形加工越来越重要，对微型工件的需求不断增加。微成形就是利用塑性变形生产至少一至两个尺寸达到亚毫米级的零件或者结构件的成形技术。典型的微成形工艺有微注射、微挤压、微冲压、微锻造等。微成形技术继承了传统的宏观成形加工技术的高效率、最小或零材料损失、最终产品力学性能优秀、误差小的特点，使得近净产品或净产品可以大批量生产。

4.1.2 微成形的特点

在微小尺度下，微成形不再是单纯的工艺问题，它已经成为多学科交叉的高新技术。与传统工艺相比，微成形有其自身特点。

1）材料的变化。在微小尺度下，被加工材料的各种性质发生了变化，出现了尺度效应，宏观材料模型不再适用。

2）摩擦与润滑变化。微成形过程中摩擦与润滑发生了变化，随着样件尺度的减小，成形过程中的摩擦增加，宏观摩擦理论与控制不再适用。

3）模具设计、制造及材料选择的变化。微成形过程中，模具的设计、制造、材料的选择发生了变化，多采用光电子行业的腐蚀、光刻等技术。

4）环境、设备及相关测试方法的变化。微成形时，工作环境、设备、相关测试方法发生了变化，传统的测试理论方法和设备基本不适用。

4.1.3 关键技术

微成形技术主要表现在材料、模具、工艺、设备四个方面。在微成形技术中，最突出的特点是微尺度效应。在微成形理论（微尺度效应、微塑性力学等）的基础上，微成形的关键技术工艺，主要包括微冲压成形（包括冲裁、弯曲、拉深、胀形）、微注射成型（塑料、金属、陶瓷）、微体积成形（包括挤压、锻造、镦粗），以及工模具、材料和设备的应用和研究等方面。

根据成形材料形态的不同，微成形工艺又可以分为固态成形和流体成形两大类。固态成形一般是采用塑性加工，和常规塑性加工一样，根据坯料形态的不同，可分为体积成形和板料成形。体积成形包括模锻、正反挤压、压印等；板料成形包括拉深、冲裁、胀形等。流体成形包括塑料注射成型、金属和陶瓷粉末注射成型、铸造等。

微成形工艺系统也由材料、成形过程、工模具、设备（包括工装）四部分构成。在微成形加工中同样需要考虑工模具的设计、工艺参数的优化、材料的磨损及处理等问题，但其主要特点却是由微小尺寸引起的微尺度效应决定的。简言之，就是不能把宏观工艺参数、结构参数、物理参数简单地按几何比例缩小应用到微成形过程中，因为微型化的影响波及工艺系统的各个方面。

本章以微圆柱阵列的微注射成型和微圆柱棒料的微挤压成形为例，探索这一领域的相关 CAD/CAE 创新实践。

4.2　微圆柱陈列的微注射成型

随着微成形技术的发展和对高精密微注射产品需求的增加，微注射成型技术在聚合物材料微成形领域得到了迅速发展。微注塑产品以其独特的优点在航空航天、精密仪器、生物与基因工程、生命科学、医药工程、通信、环境工程、军事、微光学器件、生物分析芯片等领域得到了广泛的应用。

由于微注射制品与传统注射制品在整体或局部尺寸上存在巨大差异，导致影响注射过程的因素发生很大的变化。

在数值模拟时的工艺参数方面，微型注射与一般意义上的注射有着很大的不同，在众多的工艺参数中，模具温度尤为重要。研究表明，微注射中模具温度一般要高于成型材料的玻璃化温度，有研究者对模具温度进行量化后发现，模具温度至少比材料的玻璃化温度高 30~40℃，制品才能获得良好的填充效果。

此外，熔体温度越高，熔体的黏度越低，同样有利于塑料熔体进行充模；注射速度越快，聚合物熔体能在较短的时间内充满型腔，熔体在凝固之前有充足的松弛时间，从而可以减少制品内部的残余应力。

用于微注射成型的聚合物材料要具备低玻璃化温度、固化温度差值小、低黏度、高力学性能、热稳定性好等性能，同时还要有良好的力学、光学等性能。一般的聚合物材料很少能同时满足加工和使用性的要求，因此必须添加特殊助剂，改变材料的一些性能，以使其满足要求。现阶段用于微注射成型的聚合物原料主要有 ABS、PP、PA、PC、POM、PMMA、PEEK、LCP 等。

4.2.1　创建微圆柱阵列基底

1）启动 SOLIDWORKS，选择【文件】→【新建】命令，或单击 ▢ 按钮，选择【单一设计零部件的3D展现】，进入建立模型模块。

2）单击【草图】，单击【草图绘制】▦ 图标，选择前视基准面为草图绘制平面，创建图 4-1 所示的草图。

3）单击 ▦ 按钮退出草图模式，进入建模模式。

4）单击【特征】按钮，单击工具栏中的 ▦ 按钮，系统弹出"凸台-拉伸"对话框。

利用该对话框拉伸草图中创建的曲线，"方向1"中选择给定深度为2mm，其余不变，单击✔按钮，完成拉伸，生成如图4-2所示的实体模型。

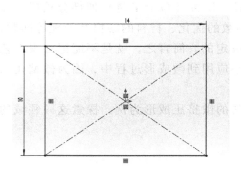

图4-1　创建草图（1）

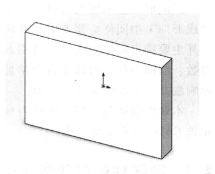

图4-2　拉伸生成实体模型（1）

4.2.2　创建微圆柱

1）单击草图绘制🖊按钮，进入草图模式，选择拉伸后的上表面为草图绘制平面。

2）选择视图定向🗔·为前视，创建图4-3所示的草图。

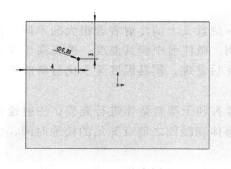

图4-3　创建草图（2）

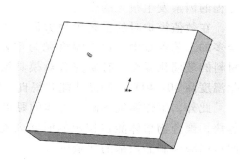

图4-4　拉伸生成实体模型（2）

3）单击📋按钮退出草图模式，进入建模模式。

4）单击【特征】按钮，单击工具栏中的🔲按钮，系统弹出"凸台-拉伸"对话框。利用该对话框拉伸草图中创建的曲线，方向1下选择给定深度为0.4mm，其余不变，单击✔按钮，完成拉伸，生成如图4-4所示的实体模型。

4.2.3　创建微圆柱阵列

选中刚刚拉伸后的微圆柱，单击🔡按钮来创建5×7的微圆柱阵列，操作方法如下："方向1"中选择长方体的下边线（长边），间距为1mm，实例数为7，"方向2"中选择长方体的侧边线（短边），并勾选反向按钮🔄间距为1mm，实例数为5。要阵列的特征为刚刚选择的"凸台-拉伸2"，具体对话框如图4-5所示。单击✔按钮，完成拉伸，获得如图4-6所示的实体模型。

图4-5　"线性阵列"对话框

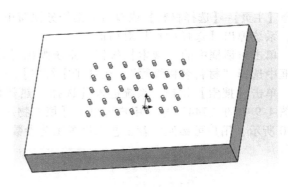

图4-6　阵列实体模型

最后单击【保存】按钮，零件名更改为 micro column arrays. stp，完成建模。

4.2.4　网格划分

在网格的划分过程中，先是考虑在 Moldflow 软件中进行划分，将画好的零件另存为 stp 格式导入 Moldflow 中进行网格划分。Moldflow 网格分为 3D 实体网格、中面网格以及双层面网格。3D 网格：分析出来的结果毫无疑问是最精准的，缺点是网格数量多，计算时间长；中面网格：主流网格类型，适合薄壁制品，精度比双层面网格好，缺点是网格前处理时间长；双层面网格：适合薄壁制品，网格划分快，有匹配率要求，整体精度不及中面网格和 3D 网格。本次分析选择 3D 网格来划分，导入模型时单位选择 mm。

全局网格边长设置为 0.3mm，合并公差 0.1mm，单击【立即划分网格】，结果如图 4-7 所示，网格统计如图 4-8 所示。

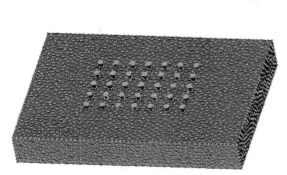

图4-7　网格划分

图4-8　网格统计

3D 网格最大纵横比要在 5~50 这个范围内，由网格统计可以看出最大纵横比为 48.6，满足要求。

4.2.5 材料选择

微圆柱阵列的成型材料为 Lyondell Basell Industries 公司生产的 PP，型号为 Moplen HP501H。选择【主页】→【选择材料】或双击方案任务视窗中的 ✓ 🔘 Generic PP: Generic Default 按钮，系统弹出【选择材料】对话框。

单击对话框中的【搜索】按钮，系统弹出【搜索标准】对话框，在【搜索字段】列表框中选择"材料名称缩写"，在【子字符串】文本框中输入"PP"。

单击【搜索】按钮，系统进入【选择 热塑性材料】对话框。单击选择目标材料，如图 4-9 中的 "744" 号，用户可单击【填充物属性】按钮来查看 PP 塑料的特性，如图 4-10 所示，用户可参照推荐工艺来设置工艺参数。单击【确定】按钮，完成材料选择。

图 4-9 【选择 热塑性材料】对话框

图 4-10 填充物属性选项卡中的 PP 材料推荐工艺

4.2.6 浇口位置选择

MPI 默认的分析类型为"充填",现将分析类型设置为"浇口位置",双击方案任务视窗中的 ✓ 填充 按钮,进入"选择分析顺序"对话框,选择"浇口位置",选择后的方案任务视窗如图 4-11 所示,双击方案任务视窗中的 开始分析 按钮。

分析完成后,可以在屏幕输出中找到最佳浇口位置为节点 690 附近,具体如图 4-12 所示。

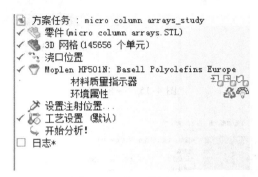

图 4-11 浇口位置选择 | 图 4-12 浇口位置

浇口位置要尽量设在塑件壁厚处,因为当塑件的壁厚相差较大时,若将浇口开设在壁薄处,这时塑料熔体进入型腔后,不但流动阻力大,而且还易冷却,影响熔体的流动距离,难以保证充填满整个型腔。显然,系统选择的浇口位置不符合这一要求,将这个浇口删去,并参考相关文献,将浇口选在塑件壁厚最厚处,双击任务视窗中的【浇口位置】图标,重新改为"充填",双击 ✓ 1 个注射位置 图标,将原来的浇口删除,如图 4-13 所示,重新选择浇口位置。

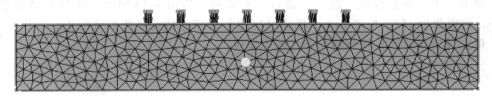

图 4-13 浇口选择

4.2.7 创建一模两腔

单击 图标,选择 型腔重复,在弹出的对话框中型腔数设置为 2,勾选行选项,列间距为 28mm,行间距为 30mm,勾选"偏移型腔以对齐浇口"选项,具体见图 4-14,单击【完成】按钮,完成一模两腔的创建,具体如图 4-15 所示。

4.2.8 创建浇注系统

选择【几何】→【流道系统】选项,系统弹出"布置"对话框,如图 4-16 所示,在该页面分别单击【浇口中心】和【浇口平面】按钮,参考浇口中心来设计主流道,单击【下一步】按钮,进入"注入口/流道/竖直流道"对话框,具体参数设置如图4-17所示。

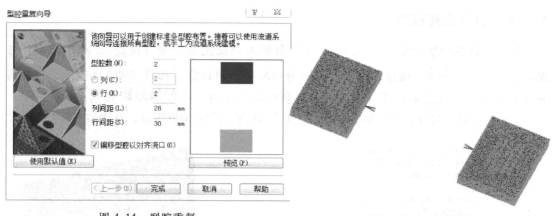

图 4-14　型腔重复　　　　　　　　　　　图 4-15　一模两腔

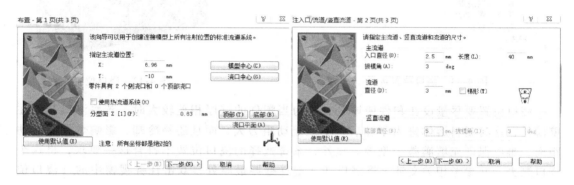

图 4-16　【布置】对话框　　　　　　图 4-17　【注入口/流道/竖直流道】对话框

单击【下一步】按钮，进入"浇口"对话框，如图 4-18 所示。入口直径的值设为 1mm，拔模角为 15°，长度 1mm。单击【完成】按钮，浇注系统创建完毕，如图 4-19 所示。单击【完成几何】按钮退出浇注系统创建。

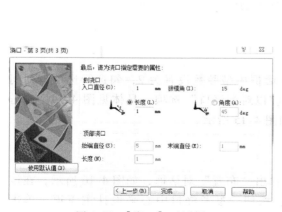

图 4-18　【浇口】对话框

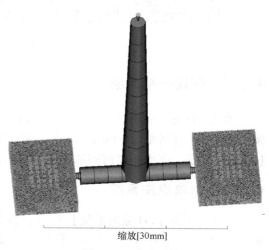

缩放[30mm]

图 4-19　浇注系统

浇注系统创建完毕后要进行连通性诊断，检查从主流道到模腔是否完全连通。选择【网格】→【连通性】命令，"工具"页面显示"连通性诊断"定义信息，选择主流道进口的第一个单元"N49233"作为连通性诊断的开始单元，单击【显示】按钮，诊断结果如图 4-20 所示。

诊断结果中已连通部分用蓝色显示，未联通部分用红色表示。由图 4-20 所示可知，已完全连通，浇注系统设置正确。

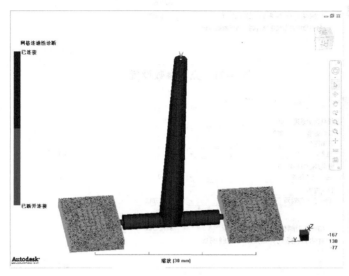

图 4-20　连通性诊断结果

4.2.9　模拟和后处理

为了表示不同参数设置对该塑件成型质量的影响，故设置三组不同的参数来进行比较。具体参数如表 4-1 所示。

表 4-1　参数设置

方案	模具表面温度/℃	熔体温度/℃	注射时间/s
1	30	200	0.3
2	60	250	0.3
3	60	250	0.2

1. 参数设置

双击方案任务视窗中的 ✓ 🔧 工艺设置（用户）图标，弹出"工艺设置向导-充填设置"对话框，"模具表面温度"设置为30℃，"熔体温度"设置为200℃，"充填控制"选择"注射时间"，注射时间改为0.3s，"速度/压力切换"选择"由%充填体积"，数值设为100%，具体参数设置如图 4-21 所示。最后单击【确定】按钮，完成充填工艺参数的设置。

右键单击工程管理视窗中的 📄 micro column arrays_study 选项，双击该选项并重命名为 micro column arrays_ study（2），按上述步骤设置第二组参数。第三组参数设置方法同上。具体如图 4-22 以及图 4-23 所示。

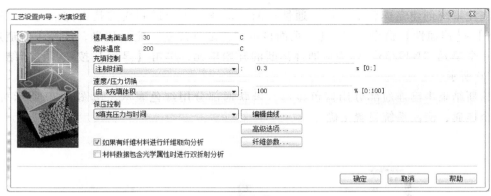

图 4-21 充填参数设置（1）

图 4-22 充填参数设置（2）

图 4-23 充填参数设置（3）

分别双击方案任务视窗中的 ↘ 开始分析！ 图标，求解器开始分析计算。在分析计算过程中，分析日志会显示充填时间、充填压力、推荐的保压时间曲线等信息。

系统弹出如图 4-24 所示的对话框，说明工程已经分析完成。

图 4-24 分析完成

2. 充填结果分析

求解器运算结束后，可以通过任务工具栏中的流动结果查看云图，图 4-25 为方案 1 的分析结果任务视窗，勾选【未充填的型腔】选项，模型视窗显示如图 4-26 所示。

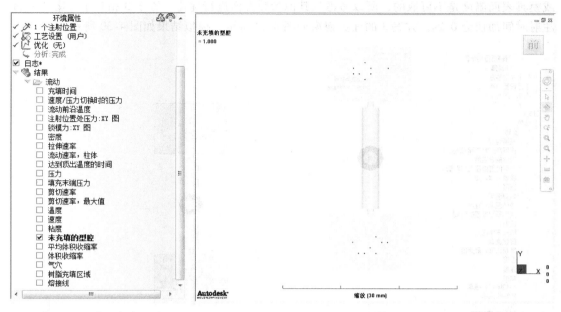

图 4-25　方案 1 任务视窗　　　　　　　　图 4-26　方案 1 模型显示视窗

　　图中红色部分为充填不足或没充填到的微圆柱型腔，由于本塑件为微注射，塑件壁厚差异很大，若按照常规设置参数，熔体在型腔内很容易因为冷却过快等原因造成短射和充填不足，导致很多小型腔未充填到。所以接下来的方案 2 参数设置，提高了模具表面温度以及熔体温度，具体结果如图 4-27 以及图 4-28 所示。

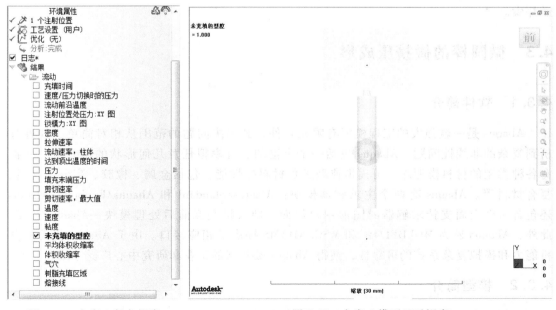

图 4-27　方案 2 任务视窗　　　　　　　　图 4-28　方案 2 模型显示视窗

提高了模具表面温度以及熔体温度后，我们可以看到塑件的未充填型腔明显减少，但充填率还是没达到100%，但考虑到聚合物熔体若温度过高，会造成降解，继续升高熔体温度或模具表面温度是不可取的，所以考虑从其他参数方面进行优化。方案3相对于方案2而言注射时间加快为0.2s，方案3的任务视窗如图4-29所示，模拟结果如图4-30所示。

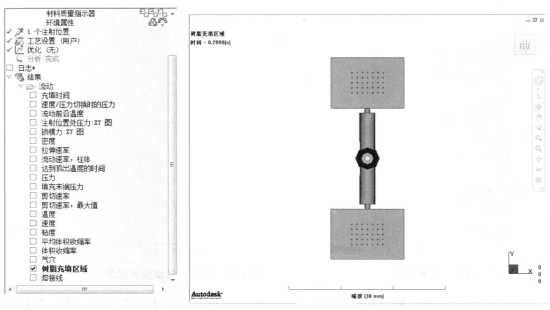

图 4-29　方案 3 任务视窗　　　　　图 4-30　方案 3 模型显示视窗

任务视窗中没有【未充填的型腔】这一项，说明塑件已完全充填。

本案例只分析了填充情况，其他结果分析如冷却分析、翘曲分析读者可自己进行尝试探索。

4.3　微圆棒的微挤压成形

4.3.1　软件简介

Abaqus 是一款强大的工程模拟有限元软件，其解决问题的范围从相对简单的线性分析到复杂的非线性问题。Abaqus 包括一个丰富的、可模拟任意几何形状的单元库，并拥有各种类型的材料模型库，可模拟典型工程材料的性能，包括金属、橡胶、高分子材料、复合材料等。Abaqus 有两个主求解器模块：Abaqus/Standard 和 Abaqus/Explicit。Abaqus 还包含一个全面支持求解器的图形用户界面，即人机交互前后处理模块—Abaqus/CAE。此外，Abaqus 还为 MOLDFLOW 和 MSC. ADAMS 提供了相应接口。由于 Abaqus 优秀的分析能力和模拟复杂系统的可靠性，使得 Abaqus 被各国的工业和研究中心广泛采用。

4.3.2　模型简介

本例以典型的微正挤压（冷挤压）圆棒为例，建立几何模型时，考虑到模型是轴对称的，为了计算方便，选取模型的 1/2 进行分析。坯料视为塑性体，模具视为刚体，不考虑其变形问题。模型简图如图 4-31 所示。为了减小网格畸变的几率，模拟时采用 ALE 自适应网格划分。由于宏观和微观本构关系和材料模型稍有不同，可将通过试验得到的微观应力—应变曲线作为本构模型输入。

本例采用国际单位（长度 m，载荷 N，质量 kg，时间 s，应力 $Pa/N \cdot m^{-2}$，能量 J，密度 $kg \cdot m^{-3}$）。Abaqus 在运算过程之中并不包含单位或量纲的概念，故在进行有限元分析之前需自行将数据进行统一换算，否则可能会出现一些不易察觉的错误。

4.3.3　三维建模

1. 创建坯料

1）运行 Abaqus/CAE，在出现的对话框内选择 With Standard/Explicit Model。

2）在主菜单"model"中命名新建模型为"Extruding example"，并保存。

3）从 Module 列表中选择"Part"，进入"Part"模块。

4）在左侧工具栏上单击"Create part"命令或图标 ，弹出"Create Part"对话框，完成图 4-32 所示的设置。单击 Continue ，进入草图界面。

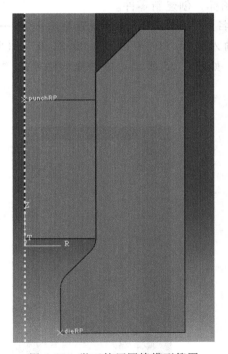

图 4-31　微正挤压圆棒模型简图

图 4-32　"Create Part"对话框

5）在左侧工具条上单击"+"，在提示栏中输入坐标（0，0）　（0.0008，0）（0.0008，0.0016）（0，0.0016）。采用图标 连接各点，完成坯料草图，如图 4-33 所示。单击提示栏处的 Done 命令，完成坯料的创建，如图 4-34 所示。

6）保存文件。

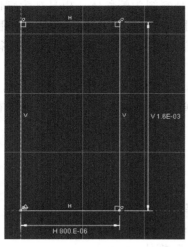

图 4-33　坯料草图

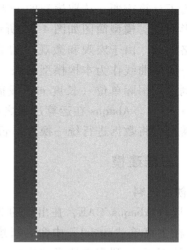

图 4-34　完成坯料的创建

2. 创建凸模

1）选择"Part"→"Create"，或单击 图标，创建新零件。

2）在"Create Part"对话框中输入零件名为"Punch"，其余设置与图 4-32 一样。

3）进入草图界面，单击"＋"，分别输入坐标（0，0）（0.0008，0）（0.0008，0.002）（0，0.002），连接各点，完成草图，如图 4-35 所示。单击提示栏处的"Done"，完成凸模的创建，如图 4-36 所示。

4）保存文件。

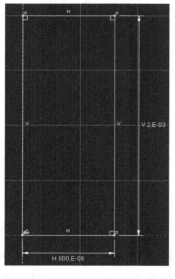

图 4-35　凸模草图

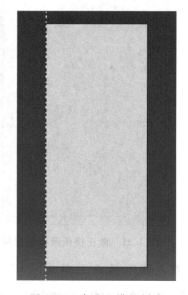

图 4-36　完成凸模的创建

3. 创建凹模

1）选择"Part"→"Create"，或单击 图标创建新零件。

2）在"Create Part"对话框中输入零件名为"Die"。其余设置与图 4-32 一样。

3）进入草图界面。输入坐标（0.0008，0）（0.0008，0.002）（0.0013，0.0025）（0.0018，0.0025）（0.0018，-0.001）（0.0004，-0.001）（0.0004，-0.0004），连接各点。单击图标 ，在提示栏输入圆角半径 0.0002，选择凹模下方锥角处的三边，分别倒两个圆角。完成草图，如图 4-37 所示。单击提示栏处的"Done"，完成凹模的创建，如图 4-38 所示。

4）保存文件。

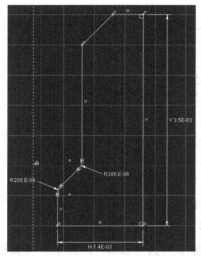

图 4-37 凹模草图

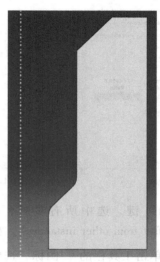

图 4-38 完成凹模的创建

4. 创建材料

1）进入"Property"模块，单击工具栏右上角的 图标，创建一个新的材料。

2）在"Edit Material"对话框中，命名材料为"Cu"，选择"General"→"Density"，在密度栏中输入 8530，选择"Mechanical"→"Elasticity"→"Elastic"，在弹性模量中输入 1.1e11，泊松比 0.33，如图 4-39 所示。选择"Mechanical"→"Plasticity"→"Plastic"，在"Data"栏中对应输入图 4-40 中的数据。单击"OK"，退出材料编辑。

3）单击左侧工具栏的"Create Section" ，在弹出的对话框中定义这个区域为"Cusec"，在"Category"选项中选择"Solid"，"Type"选项中接受"Homogeneous"作为默认的选择，单击"Continue"。

4）在出现的 Edit Section 对话框中选择 Cu 作为材料，单击"OK"。

5）单击工具栏的"Assign Section" ，选择视图区的整个 Part，单击下方提示栏处的"Done"，在出现的"Assign Section"对话框中单击"OK"，此时部件变成绿色，同理，对所有部件均赋予所创建的材料截面。

6）保存文件。

4.3.4 零件组装

1）进入 Assembly 模块，单击工具栏的 图标，在"Create Instance"对话框中，按

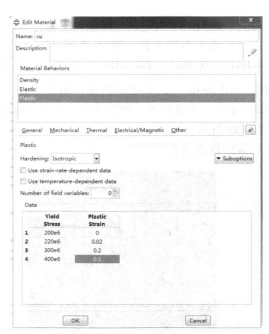

图 4-39 "Edit Material" 对话框

住"Shift"键，选中所有零件。在"Instance Type"下选择"Independent"，并选中"Auto-offset from other instances"，如图 4-40 所示，单击"OK"。

2）单击工具栏的 图标，选中坯料，单击提示栏的"Done"，提示栏会提示选择平移的起始点，单击坯料底部中点，再单击凹模大圆底部中点，或输入坐标（0，0）。单击"OK"。同理将凸模移动到坯料上方，完成装配图，如图 4-41 所示。

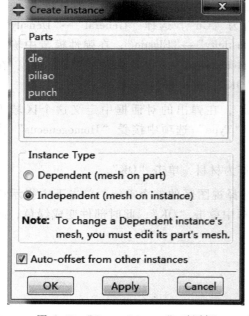

图 4-40 "Create Instance" 对话框

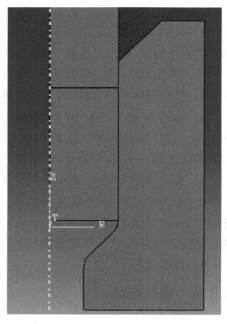

图 4-41 装配图

3）保存文件。

4.3.5 定义分析步

1）进入"Step"模块，单击工具栏左上方 图标，弹出"Create Step"对话框，命名该分析步为"Contact"，接受默认的"Procedure type"，选择"Dynamic，Explicit"（显式动态），单击"Continue"。在出现的"Edit Step"对话框中，在"Time period"栏中输入 1e-5，接受其他默认选项，并单击"OK"，创建接触分析步。

2）同理，创建第二个分析步，命名为"Forming"，接受默认的"Procedure type"，选择"Dynamic，Explicit"，单击"Continue"，在"Time period"栏中输入 0.05，接受其他默认选项，并单击"OK"，创建挤压分析步，如图 4-42 所示。

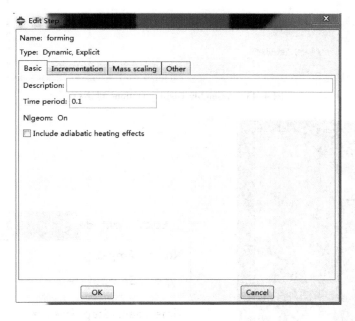

图 4-42 Edit Step 对话框

3）从主菜单中，选择"View"→"Assembly Display Options"，弹出图 4-43 所示对话框，选择"Instance"功能页，单击"Visible"的复项框，只选中"piliao-1"，单击"OK"。此时视图区只有坯料。

4）在主菜单中选择"Tool"→"Set"→"Create"，命名将要生成的节点集为"piliao"，在视图区中用鼠标将坯料全部选中，单击提示栏的"Done"。

5）同理创建凸模和凹模节点集，分别命名为"punch"和"die"。

6）从主菜单中，选择"Tools"→"Reference Point"，分别选择图 4-44 所示的点为部件"punch"和"die"的参考点，分别命名为"punchRP"和"dieRP"。

7）在主菜单中选择"Tools"→"Amplitude"→"Create"，选择"Smooth step"，然后单击"Continue"，输入图 4-45 所示数值，单击 OK 完成操作。

图 4-43　Assembly Display Options 对话框

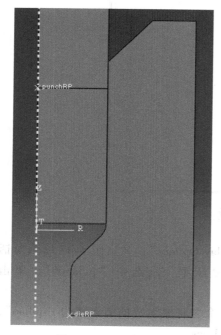

图 4-44　选择参考点

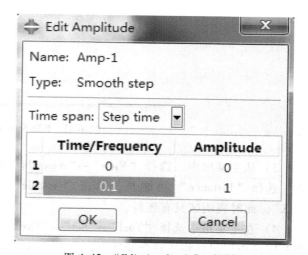

图 4-45　"Edit Amplitude"对话框

8）保存文件。

4.3.6　创建 ALE 自适应网格

1）在 Step 模块中，从主菜单栏中选择"Other"→"ALE Adaptive Mesh Controls"→

"Create"，单击"Continue"，设置如图 4-46 所示。

2）从主菜单栏中选择"Other"→"ALE Adaptive Mesh Domain"→"Edit"→"forming"，选择"Use the ALE adaptive mesh domain below"，单击 Region 旁的箭头，选择节点集"piliao"，设置如图 4-47 所示，单击"OK"。

3）保存文件。

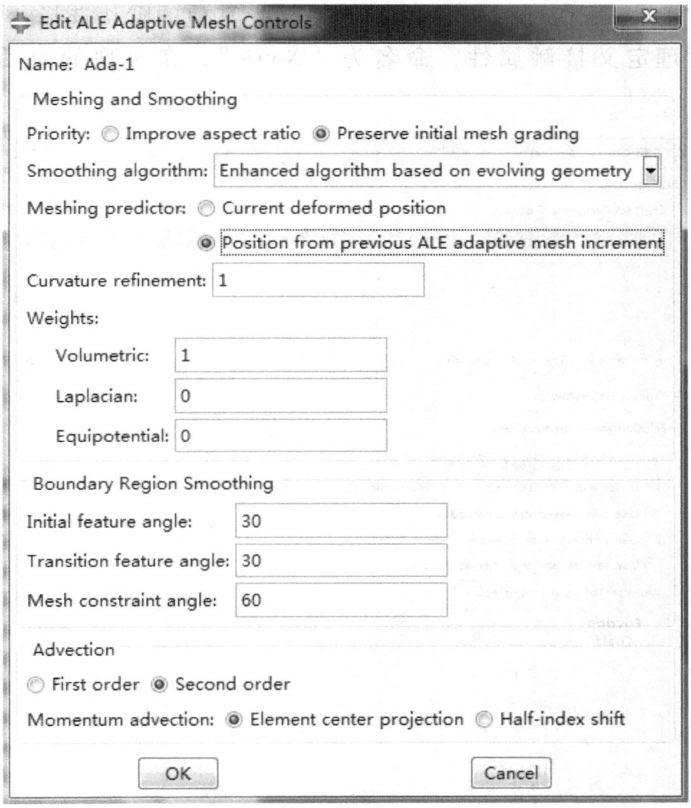

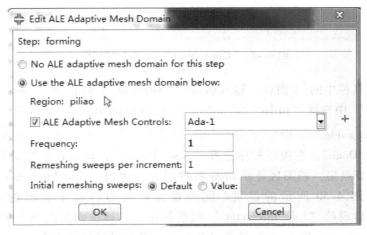

图 4-46 "Edit ALE Adaptive Mesh Controls" 对话框

图 4-47 "Edit ALE Adaptive Mesh Domain" 对话框

4.3.7 定义表面和相互作用

1) 进入"Interaction"模块，单击工具栏中的 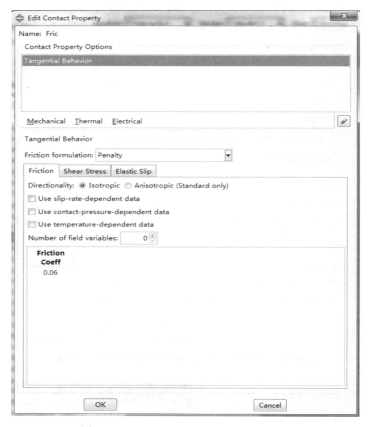 图标，在弹出的对话框中输入名字："Fric"，"Type"项选择"Contact"，单击"Continue"。在出现的对话框中单击"Mechanical"→"Tangential Behavior"，在"Friction formulation"下拉菜单中选择"Penalty"，在"Friction Coeff"处输入0.06，接受其他的默认选择，如图4-48所示，单击"OK"。同理定义接触属性，命名为"Nofric"，在出现的对话框中直接单击"OK"即可。

图 4-48 "Edit Contact Property"对话框

2) 单击工具栏中的 图标，输入名字："contact1"，step为"contact"，在"Types for Selected Step"中选择"surface-to-surface contact（Explicit）"，单击"Continue"。在提示栏中选择"by angle" Select the first surface by angle 20.0 (Create surface:) Done ，在视图区选择凹模内表面，单击"Done"。在提示栏中选择"Node Region"，单击提示栏最右边的"Sets"，选择"piliao"节点集，视图区显示如图4-49所示，弹出"Edit Interaction"对话框，在对话框中完成图4-50所示的设置。同理设置坯料与凸模下表面的接触，命名为"contact2"，在出现的"Edit Interaction"对话框中，选择主面为凸模下表面，从面为坯料，"Contact Interaction Property"选择"Nofric"，其余设置与图4-50一样，单击"OK"。

图 4-49　视图区显示

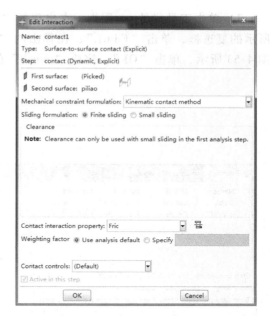

图 4-50　"Edit Interaction"对话框

3）单击工具栏中的 图标，输入名字"die"，选择"Rigid Body"，单击"Continue"，出现图 4-51 所示的对话框。选择 Body（elements），单击"Edit"。在提示栏中单击"Sets"按钮，选择节点集"die"，在"Edit Constraint"对话框中单击"Reference Point"栏的"Edit"按钮，选择参考点"dieRP"，单击"OK"。

4）同理，定义刚体"punch"，对应节点集为"punch"，参考点为"punchRP"。

5）保存文件。

4.3.8　定义边界条件

1）进入 Load 模块，单击工具栏中的

图 4-51　Edit Constraint 对话框

图标，在出现的"Create Boundary Condition"对话框中，命名边界条件"dieBC"，选择"Step"为"initial"，其余接受默认选择，单击 Continue，在出现的"Region Selection"对话框中选择参考点"dieRP"，单击提示栏中的"Done"，在出现的"Edit Boundary Conditions"对话框中选中"ENCASTRE"，单击"OK"。

2）单击工具栏，在出现的"Create Boundary Condition"对话框中，命名边界条件为"punchBC"，选择"Step"为"initial"，在"Types for Selected Step"中选择"Displacement/Rotation"，单击"Continue"。在出现的"Region Selection"对话框中选择参考点"punchRP"，单击"Done"，选中所有选项单击"OK"。

3）单击工具栏的 图标，在出现的 "Boundary Condition Manager" 中，选中图 4-52 所示的复选框，单击 "Edit..."，在弹出的 "Edit Boundary Condition" 对话框中设置，如图 4-53 所示，单击 "OK"，完成 "punch" 的位移设置。

图 4-52 "Boundary Condition Manager" 对话框　　　图 4-53 "Edit Boundary Condition" 对话框

4）保存文件。

4.3.9　网格划分

1）从主菜单中选择 "Mesh"→"Controls"，选中所有零件，单击 Done，在出现的 "Mesh Controls" 对话框中，"Element Shape" 栏选择 "Quad" 选项，"Technique" 下选择 "Structured" 选项，如图 4-54 所示，单击 OK。设置完成后，视图区所有部件变为绿色。

2）单击工具栏中的 图标，提示栏显示：选择凹模作为被分割的平面，单击 "Done"，在出现的草图区域作一条直线，如图 4-55 所示。单击 "Done"，将凹模分为上下两部分。再单击上部分平面，进入草图区，作另一条直线，如图 4-56 所示，单击 "OK"，完成凹模的分割。此时需重新设置凹模的网格类型，同第一步。

图 4-54 "Mesh Controls" 对话框

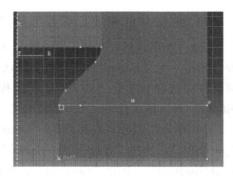

图 4-55 在草图区域作第一条直线

3）单击工具栏中的 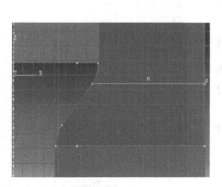 图标，为边布种。选中"punch"的 Y 方向的边，单击提示栏的"Done"，设置如图 4-57 所示。单击"OK"。同理为"punch"的 X 方向边布种，设置"Number of elements"为 4，单击"OK"。完成对"punch"的布种。

图 4-56　在草图区域作另一条直线

图 4-57　对 punch 布种

4）同理为"piliao"和"die"分别布种，如图 4-58 和图 4-59 所示。

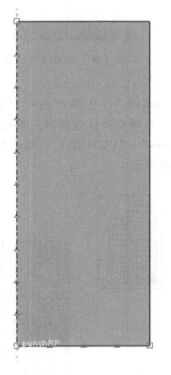

图 4-58　对"piliao"布种

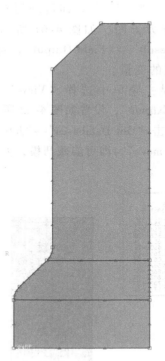

图 4-59　对"die"布种

5）从主菜单中选择"Mesh"→"Region..."，选中需要划分网格的部分，单击"Done"，分别对各部件划分网格。完成网格划分如图 4-60 所示。

6）保存文件。

4.3.10 提交运算

1）进入"Job"模块，从主菜单中选择"Job"→"Create"，或直接单击工具栏的 🖥 图标，将其命名为"forming"，单击"Continue"，接受默认选择，单击"OK"。

2）从主菜单选择 Job→Manager，或单击工具栏中的 🖽 图标，在"Job Manager"中单击"Submit"提交任务，单击"Monitor"来观察分析结果。

3）分析结束后，单击"Results"，对结果进行可视化。

4.3.11 结果分析

1）进入"Visualization"模块，可看到成形结束后坯料的应力云图，单击视图区右上方的按钮 ◀◀ ◀ ▶ ▶▶，即可观看挤压成形每个过程的应力云图，如图 4-61 所示。通过主菜单的"Result"→"Field Output"，可以改变等高线所代表的变量。

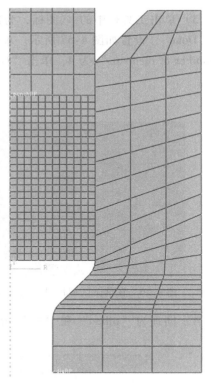

图 4-60　完成网格划分

2）从主菜单中选择"View"→"ODB Display Options"，在弹出的对话框中选择"Sweep/Extrude"，设置如图 4-62 所示，单击"OK"，可观察挤压过程的三维视图。在结果树中单击"Out Databases"→"Job-1.odb"→"Instances"→"PUNCH-1"，单击鼠标右键，单击"Remove"，即可隐藏凸模，如图 4-63 和图 4-64 所示。

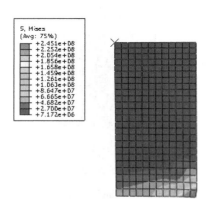

a)

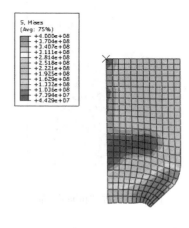

b)

图 4-61　挤压成形过程应力云图

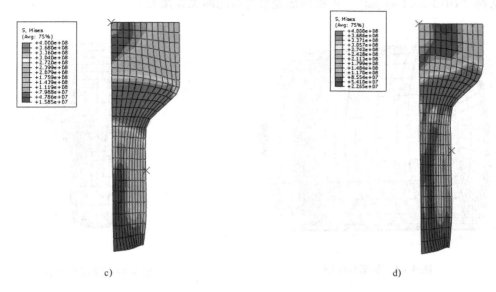

c) d)

图 4-61　挤压成形过程应力云图（续）

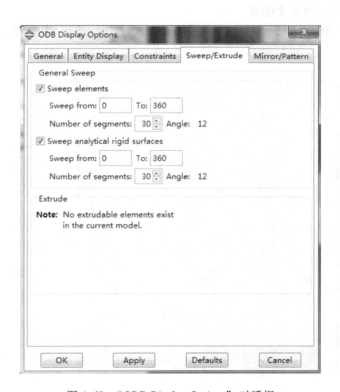

图 4-62　"ODB Display Options" 对话框

3）从主菜单中选择 "Result"→"History Output"，或单击工具栏的 图标，可以选择想要绘制的 X-Y 曲线。选择 "ODB history output"，可绘制历程变量与时间的关系图表。选择"ODB field output",可得到场变量与时间的关系图表。

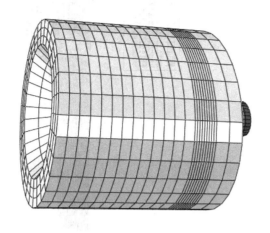

图 4-63　隐藏凸模前

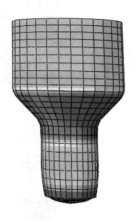

图 4-64　隐藏凸模后

　　图 4-65 所示为整个成形过程中内能和动能的变化曲线。图 4-66 所示为变形区一单元积分点的应力随时间的变化曲线。

　　4)从主菜单中选择"Animate"→"Time History",还可以观看 CAE 制作的动画过程。

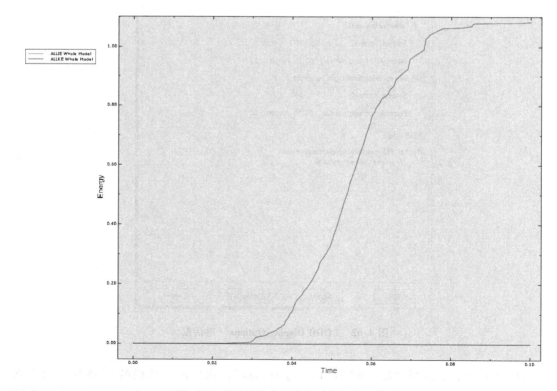

图 4-65　成形过程中内能和动能的变化曲线

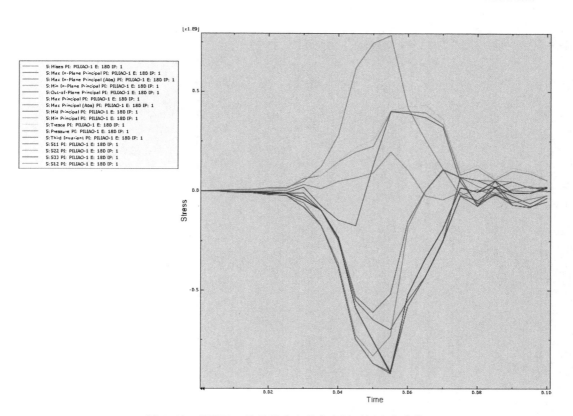

图 4-66 变形区一单元积分点的应力随时间变化曲线